멘사 킬러 스도쿠

Mensa Killer Sudoku 2022 written by Gareth Moore
Puzzles and Design © 2022 Welbeck Non-Fiction, part of Welbeck publishing Group
Editorial: Tall Tree Limited
Design: Tall Tree Limited and Eliana Holder
Korean translation rights © 2024 BONUS Publishing Co.

Published by arrangement with Welbeck Publishing Group Limited through AMO Agency

IQ 148을 위한 두뇌 트레이닝

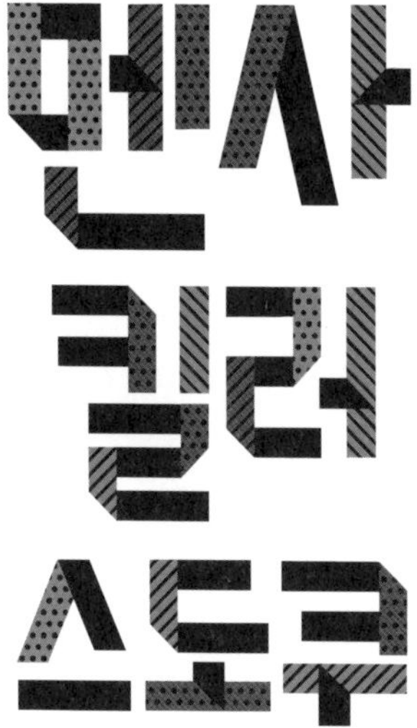

멘사 킬러 스도쿠

MENSA **KILLER** SUDOKU

개러스 무어 지음

보누스

멘사란 무엇인가?

멘사란 '탁자'를 뜻하는 라틴어로, 지능지수 상위 2% 이내(IQ 148 이상)의 사람만 가입할 수 있는 천재들의 모임이다. 1946년 영국에서 창설되어 현재 100여 개국 이상에 14만여 명의 회원이 있다. 멘사의 목적은 다음과 같다.

첫째, 인류의 이익을 위해 인간의 지능을 탐구하고 배양한다.
둘째, 지능의 본질과 특징, 활용처 연구에 힘쓴다.
셋째, 회원들에게 지적·사회적으로 자극이 될 만한 환경을 마련한다.

IQ 점수가 전체 인구의 상위 2%에 해당하는 사람은 누구든 멘사 회원이 될 수 있다. 우리가 찾고 있는 '50명 가운데 한 명'이 혹시 당신은 아닌지?

멘사 회원이 되면 다음과 같은 혜택을 누릴 수 있다.

- 국내외의 네트워크 활동과 친목 활동
- 예술에서 동물학에 이르는 각종 취미 모임
- 매달 발행되는 회원용 잡지와 해당 지역의 소식지
- 게임 경시대회, 친목 도모 등을 위한 지역 모임
- 주말마다 열리는 국내외 모임과 회의
- 지적 자극에 도움이 되는 각종 강의와 세미나
- 여행객을 위한 세계적인 네트워크인 'SIGHT' 이용 가능

멘사에 관해 더 많은 정보가 필요하시면, www.mensakorea.org를 방문해 주세요.

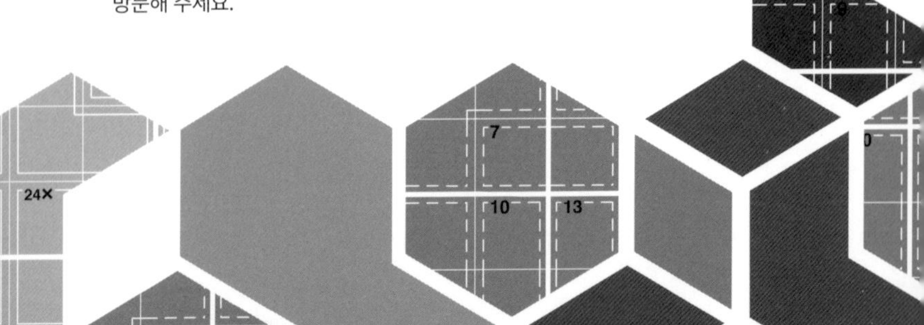

멘사 스도쿠를 풀기 전에

멘사 킬러 스도쿠에 도전하려는 여러분을 환영합니다. 이 책에는 201개 이상의 킬러 스도쿠 퍼즐이 가득 차 있습니다. 60개의 변형 킬러 스도쿠가 포함되어 있어서 도전하는 기쁨과 함께 짜릿한 쾌감을 선사할 것입니다.

모든 퍼즐은 표준 스도쿠 규칙을 따르므로 각 퍼즐을 풀려면 행, 열 또는 굵은 선의 3×3 상자 안에서 숫자가 겹치지 않도록 모든 빈칸에 1부터 9까지의 숫자를 배치해야 합니다.

그러나 각 퍼즐 유형에는 일반 킬러 스도쿠 규칙(다양한 점선 케이지의 합이 제공되고 케이지 내에서 숫자가 겹칠 수 없음)부터 수학적 제약이 있는 버전에 이르기까지 고유한 킬러 스도쿠 문제의 유형이 추가되어 있습니다. 다른 방식으로 표시되거나 단순한 추가 말고도 특별한 방식으로 접근해야 할 수도 있습니다. 새로운 유형의 퍼즐이 시작될 때는 각 유형의 퍼즐에 맞게 문제 예시와 답을 제공해서 퍼즐이 어떻게 작동하는지 정확하게 확인할 수 있도록 도와줄 것입니다.

일반 킬러 스도쿠 퍼즐은 점점 난도가 높아지는 순서로 배열되어 있으므로 하나씩 풀어가면서 성취감을 느낄 수 있을 것입니다. 하지만 더 어려운 문제에 도전하고 싶다면 뒤쪽 문제에 곧장 도전해 보세요. 도전하는 사람만이 맛보는 짜릿함을 느낄 수 있을 것입니다.

변형 유형에 대한 팁을 말씀드리자면, 숫자 전체 내에서 숫자가 겹칠 수 있는지 확인하세요. 퍼즐 유형에 따라 겹칠 수도 있고, 겹치지 않을 수도 있습니다. 퍼즐을 푸는 데 행운이 따르길 바라며, 즐거운 시간 보내세요.

영국 런던에서 개러스 무어 박사

차례

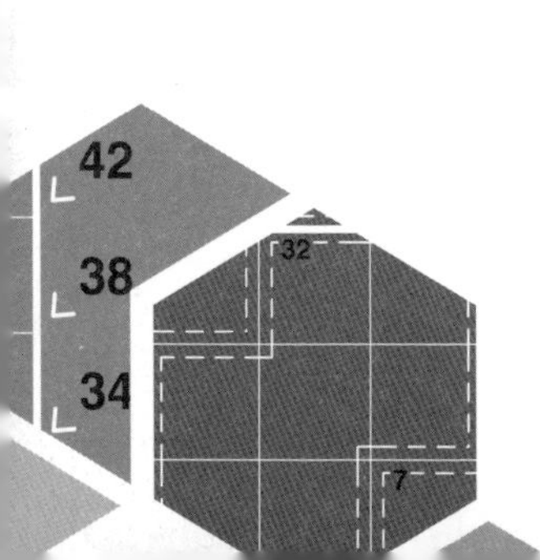
42
38
34
32
7

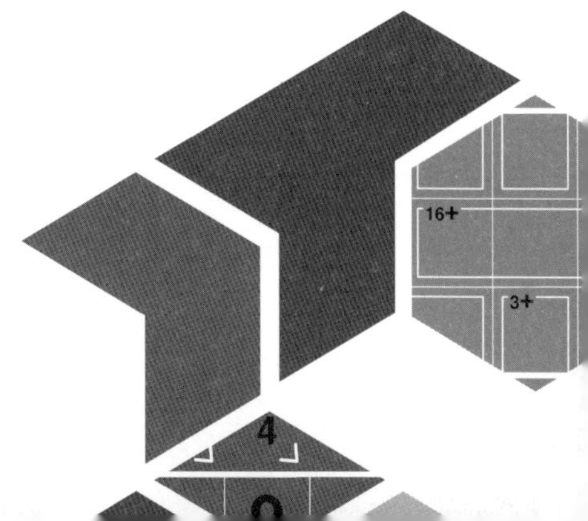
16+
3+
4

킬러 스도쿠

유형 소개

빈칸에 1부터 9까지의 숫자를 넣어보세요. 단, 숫자는 행, 열, 굵은 선의 3×3 상자 또는 점선으로 묶인 상자 안에서는 숫자가 겹치지 않아야 합니다. 각 점선 테두리 상단에 표시된 숫자는 각 점선 테두리 안에 있는 숫자의 합을 뜻합니다.

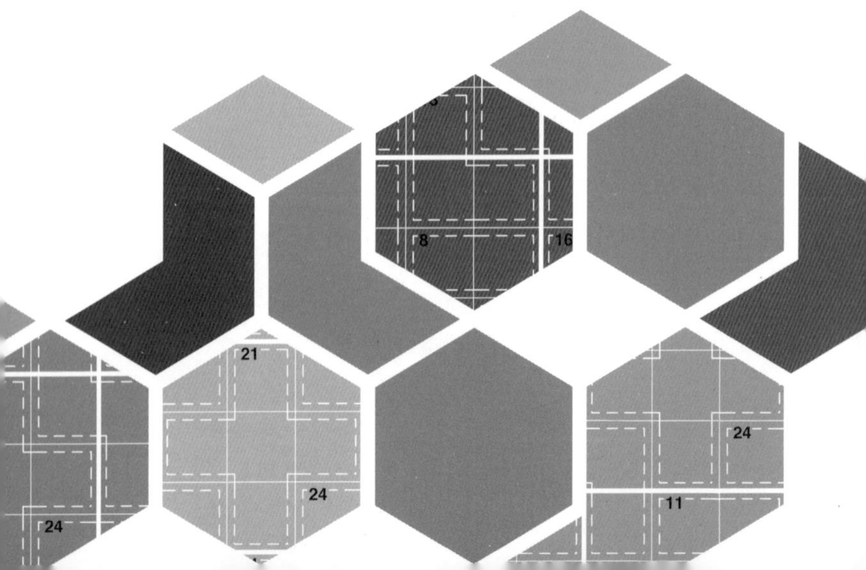

문제 예시

34		14		5		15	15	
			6	11			6	
7		12		17		15		43
				21				
38								
		10			9		14	
	5		10		9		30	
13		17	9			7		
			13					

정답

4	8	5	6	3	2	7	1	9
9	6	3	1	4	7	8	2	5
1	7	2	5	9	8	6	4	3
2	4	7	3	8	5	9	6	1
3	5	1	2	6	9	4	7	8
8	9	6	4	7	1	3	5	2
6	2	4	9	1	3	5	8	7
5	3	8	7	2	6	1	9	4
7	1	9	8	5	4	2	3	6

1

3		42	9		16		12	
15			17	15	9			23
9	10				10	29	3	
5			13				13	
17	13		11	21	9		12	4
	18	8					11	
		3		13			12	

정답 : 226쪽

2

9	14		14		13		5	
		5		11		11	20	
18			5		12			9
16	17					11		
			13			25		6
12	8		12	18	15			
	7	13				17		
			15		4		17	10
14				9				

정답 : 226쪽

3

8		10		11	16	19		9
12		7						
9	7		12		7		14	15
	4			34	15			
15							8	
7	12	7			8	9		6
		13		21		12		
14	21		9		11		4	
					6		13	

정답 : 226쪽

4

34		3		19	11	5	13	
6								18
		4	12		19			
10	10		14	27			15	
					20		7	7
10		20				6		
15				15			33	3
	9	13	12	6				
					9			

정답 : 226쪽

5

21		12	13		7	10	3	
	9			16			31	
9		29	3		11			
				6		18		17
13			24					
	24		9		13			12
		9		3			11	
		11	11		15			14
9				12				

정답 : 227쪽

6

9	9		9	9		12	14	
	11			12			17	
22			18		17	3		
	17			14		12		6
7		12			26		11	
			11					13
12	14			10		12		
		18			8			11
10			3			16		

정답 : 227쪽

7

21 15 27 6 10 8
15 7
3 8 15
36 7 23 21 27
14 7
13 5 28 11 16 9
9 17 12
3 12

정답 : 227쪽

8

16		9	10		17		11	5
			11	12	8			
16					24			
6		13	11		23		17	7
7	10					7		
		25		11			10	
				13	13		14	
13	13	10				10	15	
		8		10				

정답 : 227쪽

9

8		12	18			44		
17	5			15	11			
		11	13					
4	15			16	10		12	
					17	17	6	6
14		12						
37		18		7			10	16
					19	8		
							7	

정답: 228쪽

10

9		10		17	20			18
15		17	12					
4				11		13		
	9			29		6	29	
19		14			17			
						9		4
24	5		7			21		
		29		8			6	
					9		14	

정답: 228쪽

11

18	14			17	11		12	
	12					11	18	
	15			7				
7	19	10		21	6		16	11
		6			12			
		10			17			
22		11	8		16			10
			20			12		
9		12			15			

정답: 228쪽

12

9	18	13		8		11		
		20	16	12		13		17
					3	15		
10			9	11				8
14	5				16	13		
	17		13			11	10	
12				15			11	21
	7		11					
17			11		8			

정답 : 228쪽

13

21			11	12		6	14	12
13	19			12				
		11			11		12	
		11		5		13		
7			17			6	13	
14	9		14		16		18	
		11		13				4
5	14	17			8	26		
			10					

정답 : 229쪽

14

14		36				11	11	8
7	17				6			
			12			10	13	
13	13	10		25			10	
						8		15
9		6	20		13			
13				9		15		10
3	17	7		33				
							11	

정답 : 229쪽

15

12	7		10	16	13	12	15	
	6						14	
12		13			11			
10			45				16	16
5	23							
		16				7		
21				21	7		10	
		11	4		12	6		9
10						15		

정답: 229쪽

16

7		9		7		29		
27			16	10	16	9		3
26							20	
		35	3					
							28	
18			13	15				
5		15		4	9	23		
	20					18		
			15				5	

정답 : 229쪽

17

정답: 230쪽

18

9		23	26	16		20		
22							10	13
		12			5			
				13	17	13		25
	15		9			4		
	14				19			
7	4	10		26			22	
		27	16					
							8	

정답 : 230쪽

19

12		18			14		17	25
		16	6	9				
13					36	6		
22	17		5			25	16	
					13			
21								
	6			7	13	10	17	
	25						14	
		15		7				

정답: 230쪽

20

7		9	6	16			12	
13				7		11	13	
9		10		15	15		7	9
10	12							
	38							9
8	11	15		9	16			
		14			4		15	
11			9		7	8	10	
13		18					9	

정답 : 230쪽

21

26	9		7		17		19	
		13				7		
		12	17			7		11
16			23		17	21		
9	23		5					
						10	8	
	6		18				32	
17	9		16	18				
				7		5		

정답 : 231쪽

22

정답 : 231쪽

23

9	12		40			3	10	
	15						25	
14		6				16		
	20		19	6	26		3	
							24	
8		15						13
10			40		8		21	
		12						9
17						4		

정답 : 231쪽

24

18				27	12	11	15	
11	15						9	
		7			18			14
3			14			11		
14	14		13			10		
	12		21	4		7	6	
	16			24			15	9
		16	12					
5					22			

정답 : 231쪽

25

16				14		10		13
16	12			12		6		
	12	12			12			13
32			24		8	39		
			13					
12							7	
	17			18	7			3
6	7				24			
	9		11		20			

정답 : 232쪽

26

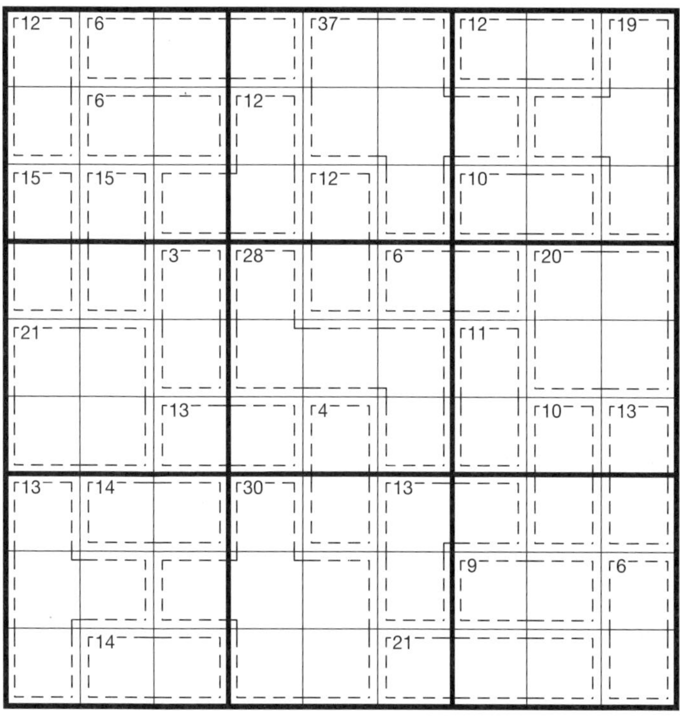

정답 : 232쪽

27

6		13	14	17	3	5	14	
10							21	
	16		18		22			
12	8			17	25			
	11					11		5
22						15		
10				11		15		13
		15	10		14	13		
15							4	

정답 : 232쪽

28

16		11	14		9		7	
15			10		14	21	15	
	12	17						
				3		11	10	
9		4	19				9	
11			15		14		17	7
25			5	16				
13						12	13	
5		10		16				

정답 : 232쪽

29

3	10	12	29	11		7	13	
							8	
20	15			22			8	
			6				11	10
7	14	32						
		18		12		22		
10					20	9		
10		11				7	17	7
10			14					

정답 : 233쪽

30

13	8		18		20			10
	9	6		19		9		
10						20	7	
	14	11		9			11	
		20	18				11	
11			10		7			11
7			20			13	6	
6	12		19		17			16
						7		

정답 : 233쪽

31

25			5	9	17	30		
	3						15	
8		17			9		11	9
8		16	30					
			20			17		
16	5	35					8	
				15			9	
10			15	4	12	5		22

정답 : 233쪽

32

10 29 14
14 14 9 10 6 27
12
24 23 8 5
7 5 7 15
7 22 20 17
15 6 20 5
25
16 13

정답 : 233쪽

33

14	15	14	7		17	15	11	
				16			9	
		22				9		9
13				24		5	20	
14		9			20			
17						12		
	4		15	3			15	12
9		13			18	13		
11								

정답 : 234쪽

34

16		24		9		7		14
18				13	9		12	
	8		12		11			
		27		3		19		14
8			13					
			14		16		13	14
16	8	10		11		23		
		4					13	
	14		12					

정답 : 234쪽

35

12		14	12	16	13		18	
4					17			12
15	10	14						
			35			12		11
11	6					6		
	12		19			18		8
17				14	16			
	9	14			12	11	11	
							6	

정답 : 234쪽

36

10 14 5 16 11 4 11
14 16
15 5 8 27
13 6 36 14
25 10
8 11 3
19 7 12 19
7 12 9 9 8
11 10

정답 : 234쪽

37

11		13		10	8	17	10	
	17	18						
		13		19	6		13	
13			14		10		12	
					11	21		13
14		12						
11		9			18		16	17
16			9	16				
10					8			

정답 : 235쪽

38

7	14			12		22		
	23					20		7
15	13		4				8	
	23	4	34		9			14
						16		
	7	15						9
3		25		9		17		
			12	19				9
16					19			

정답 : 235쪽

39

10		26	36		14		12	
						9	4	
17	6						27	
		7		18	6	22		
20	16		15					
					11		3	13
		17	36			23		
6								
8		12					11	

정답 : 235쪽

40

10	17	4	5	20			7	11
				27	7			
18	7	11				10	13	
			28	6	22		28	
14		13				9	11	
			22					
15	9	10			11	7	9	11
		13						

정답 : 235쪽

41

13	7	17	15		11		12	
			3			9	9	
	26				18		12	17
	19		23			19		
19								
	7		20			31		18
		9						
17			16	8		9	11	
5				5				

정답 : 236쪽

42

21		17	11			15	10	
			12		27		12	
3		11		28				10
4	13	12						
		6			13		9	10
10	27				11			
	15	17			3		12	
				16		14		18
7			11					

정답 : 236쪽

43

정답: 236쪽

44

12		5	14	13	5		9	
12					12		14	6
19				7	28			
20			31					14
10							22	
	10	21		13				
16					16			
		7		9	7	14	5	
5		13					16	

정답 : 236쪽

45

6	9	18			19		11	
		22	9			6	15	
24					13		9	
	14		23			13		16
		4			16		12	
	7		11					
4		14		32	7	17		
16							4	13
7				14				

정답: 237쪽

46

14		17				19		
6	16	11			15			
		14			15			14
12		16		13		6		
	7		17			10		15
6	15		4		10			
	17			9			13	16
25		10		11				
			25				7	

정답 : 237쪽

47

16		14		7		8		16
		22		17		20	8	
12				13	7			
35		6					27	
			21			11		
		20	7	3	22			
17	4						7	
			8				25	
	8		12		12			

정답 : 237쪽

48

13		23	25	11		29		
7					5			
	8				12			13
10		7	32	8		11		
						17		5
13	17		5				11	
	16			23		17		10
17		15						
			11				14	

정답 : 237쪽

49

23		16		10	8	15		
		26	9			5		10
6				17			16	
			27	15				9
12	9					5		
	7	6				28		12
6		16			17		20	
	11		13	5				
19					7			

정답 : 238쪽

50

12		10		9		20		
15		10	4		9	16		
	15		14			3	8	18
19		13			29			
	7					12		
	5	13		16			8	
			8	14		8		13
19	12			5			14	
			11		16			

정답 : 238쪽

51

7		15		12		11		
7	17		17			7		19
	16			12	17			
		16					16	14
7	18		6					
		9	24		12		13	
18					18			6
	11					15		
15			5		10		15	

정답: 238쪽

52

15			7	3	11		17		17

15		7	3	11		17		17
14				17				
8		9		26	23			
9		13				9		14
9	12		25			7		
	6				7		14	
16	18				11		7	
		19			6	16	5	
			6				9	

정답 : 238쪽

53

27		7		8	13		6	35
		15			14			
		11						
23		13	9		25	16		
						14	14	
30	8			11				
			7	16			31	
	10			17	13			
		7			5			

정답 : 239쪽

54

15		12	4		10		21	16
			7	14		15		
10		25		29				
			19		8	14		16
8	12							
	19					20		
23		10			15		5	
			6			18		13
		16		5				

정답 : 239쪽

55

15			8	7		33		
8	15			13				
		8		22				14
21		12		7		5		
	8		14			13		10
11	3		15		15			
	16				15		14	6
26		15			10			
			7			19		

정답 : 239쪽

56

23		13		13	10			10
	27				11			
		13	16		5		17	
				24		8	6	11
15	5	11			17			
						14	34	20
14		16						
11		6		14				
	10				11			

정답 : 239쪽

57

22 5 4 14 9
8 28 18
11 20 23 3 8
26 27 9
7 10 14
5 13 7
12 26 9
13 10 16
10 13 5

정답: 240쪽

58

30			9			8		10
		22			11		22	
	11			11				7
10		11		36		8		
	14					6		17
7	16				9			
	12		8		23			25
17		3		15				
	10		17					

정답 : 240쪽

59

27		14	10	12		6		19
				8		19		
		25		20		8		
10							19	
	23		15			27		10
		3	18					
10	24						29	
			4		12	14		
	10		9					

정답: 240쪽

60

17	12		27				7	9
		10	11	13	5			
	9					9		20
		13		32		17		
19	15					7		
	8				7		8	25
	13		13		10	13		
15	4	3						
		26				8		

정답 : 240쪽

61

23	15			10		12	9	
		10	8				9	
14			20			9		16
		12	27		5	8		
3			13			9	11	
14	11						15	
	7		15			16	18	
9		18		11				
8			8		12			

정답 : 241쪽

62

9		28	20		8		11	
			9		6	9		11
14				30		10		
7		20			14		25	
			16					11
22		9					21	
	12		6		12	23		
				20				
11		4					7	

정답 : 241쪽

63

7		7		11	29			9
24			13					
13					11	11		8
13		18		17		10		
7					15	18		
17	8		5				11	
	11			26	5	10		
4	26					19		
					9		13	

정답 : 241쪽

64

11	13	11	3	23		19		
				15			26	
14		10			7			
		5	30			15		
17						13	7	
19	5		17				20	
				11	10			
24		24			12	6	9	9

정답 : 241쪽

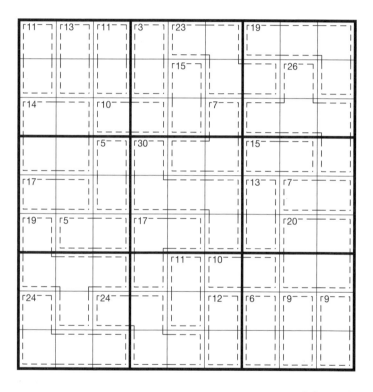

65

8	15				30	12	12	3
	11							
13	16	5			13	12	12	
		7		25				12
13	10					7		
	8		7		13		15	11
10				33	6			
9	6	16				5		12
				18				

정답 : 242쪽

66

11	4	8	11		16		9	
			15			20	13	
17		8						10
18			11			10		
	39							23
8	6		15					
	21	14		9			15	
			14	7		4	9	12
11				17				

정답 : 242쪽

67

15		5	4	13	15	15		
18	14					13		13
		10		16	8			
	14	12			32	22		
								22
14				10	15			
	16				7		11	
	14		10	4	11	9		
16							7	

정답 : 242쪽

68

정답 : 242쪽

69

정답: 243쪽

70

정답 : 243쪽

71

정답 : 243쪽

72

23					7	11	12	10
16	10	11	17					
			8		8		9	
11	24			14	8	11		17
			7			17		
	10				16			
11		3		21		6	7	8
10	9	14	11					
				28				

정답 : 243쪽

73

12		19	8	10		9		11
14					16		15	
			14	17				10
31				12	13			
					19	24		
11	15							
	15		15			14	17	
11		9		10				
	6		14				14	

정답: 244쪽

74

8	8	11	15			14	18	
			18	5				13
11	14			22				
	10					13	5	
3		11	18				16	
14			23		15	10		8
13		13				9		
	19		8			11	11	7
			11					

정답 : 244쪽

75

16			7		19			20
12		12			20	6		
13	33					8		
						11		13
15	23		15					
			27				18	
16	5		23		10			
	16						10	
	15			8		14		

정답 : 244쪽

76

21		16			7		9	
	23	5		16		10		17
			12		19	12		
22				21				11
9		20					6	
	18				24			
6				11				23
	8		16		14			
9		9		11				

정답 : 244쪽

77

7	10		11		14	17	12	
	7	29	12					16
12				5				
	22	7		12	3		8	
					23	11	17	
9		12						9
16	14	15	9				12	
			9	13				9
				11		12		

정답 : 245쪽

78

20		9		7	20		7	
		11			9		23	17
16	12		6					
	11		4	16			24	
	23				10			14
		24				9		
6			13	9		13		
		15		15	7		10	
11					14			

정답 : 245쪽

79

16	18				11	17		10
		10				9	12	
7	10		23					
	9	14		15	12			13
9					9		13	
	22				16			12
7		20				10		
9			7	21			27	3
	14							

정답 : 245쪽

80

20		10	8	10			12	
	19			16		13	10	
				23			3	
21		9			23	3	24	9
8		15						
				13	10			
11		9			16			25
8			12		11	10		
14		10						

정답: 245쪽

81

28		12			18		7	18
		8				22		
7		6	15	22	15			
8						10		
16		16					13	
13	22		12		6	7	12	
							13	
	8		19		17		12	
				23				

정답 : 246쪽

82

23		10		7		10		17
		6	14	13	15			
24						9	16	5
	9	13		21				
						15	16	
9	7	18			12			17
			19	8		15		
11							11	
	12		10		13			

정답 : 246쪽

83

23	17	13		12			7	8
			20	14		15		
	4			21			12	
		22			17		9	
					26	16		
13		5					25	
16		10	11			6		
5	6					19		
		22			11			

정답 : 246쪽

84

11	16			20	13			
	23	4				24		7
7			5		10			
	4	13		16			19	
19			14			8	11	
		19						10
7	13	6		17		13		
			11		14			9
27					15			

정답: 246쪽

85

17			30		10		10	17
		12			12	4		
16			5				33	
19		16		17				
	22				23			10
			14					
15		9		17		10	3	
	15			12			32	
		5						

정답: 247쪽

86

13	4	15	13	8		24	10	
							16	3
	20			14				
10		9		31		9		17
18		14						
	15				10		10	
16		10			13			14
		11		19	9	9	16	
5								

정답 : 247쪽

87

21		34		17	9		7	
					11		16	
	9					8	13	15
20	14		38					
	9					9		
	8	9	28			13		
				9	33	4		27
12								
6		6						

정답 : 247쪽

88

16		7		8		7	15	16
15	8		34					
		13			9			
9	6			31		16	10	
		16					8	3
6					29	12		
14	20						15	
	10	10				12		
			11		6		13	

정답 : 247쪽

89

9	13	11			32		9	
		13					7	
	11	22			13		5	
14			24	11		11		21
	5					9		
	16		10			12		
11		10		7				16
11		25			10		10	
15				12				

정답 : 248쪽

90

4		13		14		9		15
11		15	15		6		13	
7				32				7
20		12						
			8			17	23	
12	35							
	10	9			13	16	3	
10				14			12	
	8				14		8	

정답 : 248쪽

91

10		8	13	13		25		10
12				14		7		
	15	7						12
8		11	45			11		
						15	12	
17	12						9	
	14	19		19	7			11
9					3	16		
			14				7	

정답 : 248쪽

92

18 17 8 11 16
14 9 4
10 26 11 21 13
10 8 10
22 18 9
10 11 14
15 12 16
14 13 8 9
15 13

정답 : 248쪽

93

11	16	4	14	17			7	
				14		17		
	16			8		13		
16		14		8	8		11	16
	5	13			10			
		16			8		11	
18	12		11		11			18
			12			16	8	
11		15						

정답 : 249쪽

94

15		4	22		27	7	3	
24	15						11	
		6					16	
		18		8		11		13
5			19			18	16	
	9		8					
13		29			7		15	
4		13			17	11		
9							12	

정답 : 249쪽

95

10	13	8		14		13	11	
		8		7			12	9
10		17			10			
11	24					11		18
	10	30						
			14	19	10			
8	11						16	
		9	5		14		14	3
17			8		11			

정답 : 249쪽

96

20		13	3		32	14		13
	5		21				8	
10						18		3
	24			21				
		12			7		13	20
13	8		28		21			
	11						16	
5		21				3		14
				8				

정답 : 249쪽

97

24	17	9		5		19		
			7		11	21		
		12		15		12		
10		12					6	
4		31					10	
10		11	11	12	4		10	
25					14		25	
				13		6		
16			6		17			

정답 : 250쪽

98

12	14	8		11		8		23
		4		26		11		
23		5						
	15			37		21	8	
	17							20
10					9			
15	14	29			9			
					13		3	9
	10		7		14			

정답 : 250쪽

99

14		5	5		27			23
12			17			9		
11		8	17	6			12	
7				12	24	12		
	24							13
25	8					10		
		9	14				8	
			24	12		13	10	
				3			11	

정답 : 250쪽

100

21	15		19	16	11			15
						8	16	
16		10		13				
	14			18	10	11		21
		11	8					
	19				19	4		10
7		11	10				34	
			13					
	18					7		

정답 : 250쪽

101

18		16	8		8			17
				26				
6		10	15	13			15	13
12				15	29			
	20	15						7
16					3	3	15	
		28	9					
5					17	18		14
	14							

정답 : 251쪽

102

27					20	8	15	
14		7	23				14	
8				12		15		
	8						3	14
12	14	28						
		3	26	7	18	8		7
16						9	23	
14		13						
				19				

정답 : 251쪽

103

32		13		17		4		16
		11		17		19		
					7			6
6	19	14			12		14	
		29						6
10		15		19	10			
	15	14			16	7		31
10								
	3		13					

정답 : 251쪽

104

14	8		12	15		23		
	12			14		4		13
		15	24		6			
9					33	13		
							14	
19				13		15	16	
24		6		7				
	8		16		15			10
11						16		

정답 : 251쪽

105

정답 : 252쪽

106

17	11		16	4	13	13		8
						8		
22	20	3		12		13		11
			30		14			
		12			9		19	10
10	8							
	15		12		5			
5	8		12	10	11		24	
	9					11		

정답: 252쪽

107

10	8	11		15			13	21
		18		9	13			
12						10		
19		12			13		14	
			18			16		
7		14		17	14		11	
15	10		7		24			
	17						11	3
		16			7			

정답 : 252쪽

108

7	10		15		9	9		14
	22			20		16		
					19	10	5	
27	20						25	
			10			20		
		5	12					
17				20			17	16
9	8		15		12			
	7					9		

정답 : 252쪽

109

19				12	22		10	
13	8	10					10	
			11		10		10	
13			10			13	15	7
10	8	14	14					
			21			10		
9		17		4		18	14	5
9		11	14					
14					20			

정답 : 253쪽

110

6	17		13	14	8		8	
	17	12			11	13		15
			14			16		
14				18	9			12
	10		3			16		
	17				15	14		
11			11	13			17	
	8				8			10
17		10				8		

정답 : 253쪽

111

15		8		4		30	9	
10		5	18				10	
9			15			9		14
9	16			8	13			
		19					18	12
19					8			
	8		19	23		15	11	
6							9	
14			10		6		6	

정답: 253쪽

112

16		11	12		7		38	6
3			24	12				
15								
18			4		8		17	
			19			16		
12		13		13		30	14	
30								
6			3			11	14	
		14		14			5	

정답 : 253쪽

113

9	15			20			18	
	13		16		23	6		
9	8						8	
	8			19		9	26	
29		7						
			30		16	4		10
10						15		
12	10			20		7		4
					24			

정답 : 254쪽

114

16	17			13		15		28
		6	14		11			
6	17			16	10	11	4	
15		17	16				7	
21	9		11	7	25		16	4
						8		
	16			8			13	
	5				23			

정답 : 254쪽

115

5	14		13	23		23	3	
	18						15	
24			9				10	
	19		20	12			11	
	6					11		22
		20	13					
5			15			21		
9			16	14				4
15						15		

정답: 254쪽

116

9		13	11	7		8	11	
7				22			12	
	21					14	12	
10	11	13			35			
						15	11	11
19		7						
18			24		7			16
		12			15	10		
6			4				14	

정답 : 254쪽

117

5		35				12		
25	16					10		16
	14		12		15			
		6		12			10	
		27					33	
9		18	9		15			
13				7		8		
	4		26		14			
21							13	

정답 : 255쪽

118

29 17 20 9
8 16 19
11 7 17
9 28 7
9 13 9 5
6 21 16 10 16
10 14 18
13 23 11
14

정답 : 255쪽

119

9	15		12		9		4	
	4	9	14		13		17	
16			18		15			7
				13	13			
14					24			
11	11				15		18	
	22			18		9	9	
11		7						7
14		10		3		14		

정답 : 255쪽

120

18			22		12		4	
12					15	7		17
3	19	14	4			18		
			17					13
10		26					14	
	18		13	9		11		7
14				11				
	9			16		11		
6		14				21		

정답 : 255쪽

121

29		11		11	9		4	
		6				15		31
21		13		17				
				34		11	9	
	10	10						20
28					14			
			11				32	
	6		24	9	10			
7					3			

정답: 256쪽

122

5		26					35	
12		7	3		20			
23			13					14
		13		12		14		
9	21		19					
			7		9		22	
	27	24		4		16		
				12			8	
		22					8	

정답 : 256쪽

123

10		15			3		23	12
8		13		13				
12		15		15			14	
	10		14	21				15
13					18		13	
	11	25				17		8
			17					
13			8		9		7	
		7		19			7	

정답: 256쪽

124

7	28	8		17		12		20
					4	6		
15		17	9			7	30	
14			34					10
	15							
		16		14		10		
16			9				14	
	3			24				9
	14		10		13			

정답 : 256쪽

125

19			3	23	5		7	19
14		16				23		
8							21	
16		14		6				
13		26						
14		27	6		10		15	
				18			13	
	10		14		10		10	
		16				9		

정답 : 257쪽

126

31	10		17		5	18		12
			8			5		
		16	18	13			24	
15				14	18	11		
	13							10
10						17		
		14	10				34	
15	11		5	11				
				16		4		

정답 : 257쪽

127

13		19	21	11	6		6	
15						20	24	
				11				
	17	13		5			18	15
12			19					
		20	8		8			21
25			3		19			
			18			17		
4		9					8	

정답 : 257쪽

128

6		12			22	26		13
22		16						
	9			21		11	4	
12		14	23		13		13	
						6		13
12		15					5	
7			16		22			14
4	25							
				15			14	

정답 : 257쪽

129

8		10		19		17		10
17	12			24		8		
						14	6	
15	14		12	23			22	
		24			10			
						13		
11			18	24				7
13	7				13			
	6				11		17	

정답 : 258쪽

130

23			23			19		
	9				8	20		
12	9		6	15			15	
	8	7			33		10	
						11	7	
16		20		4	6			13
5			13			14		
26				27		16		10

정답 : 258쪽

131

13	12		10	9		17		12
	8			12	19			
	14	17	16			20		12
				9			11	
15		18			13			
9						10	22	
	27		10	17				7
10					7	14		
			7			8		

정답 : 258쪽

132

7	15			21	18		19	3
	26	10						
		11			7	17		9
13			9					
	13		12			6		17
7	8		16	11		11	21	
	20			16	9			
11			16					11
					15			

정답 : 258쪽

133

7		12		14	3		25	
15	11		9		17			
	18				11		11	
3			11		23			
	28	21						11
19				3		16		
		10		11		20		12
16		8		15				
		13			9		3	

정답 : 259쪽

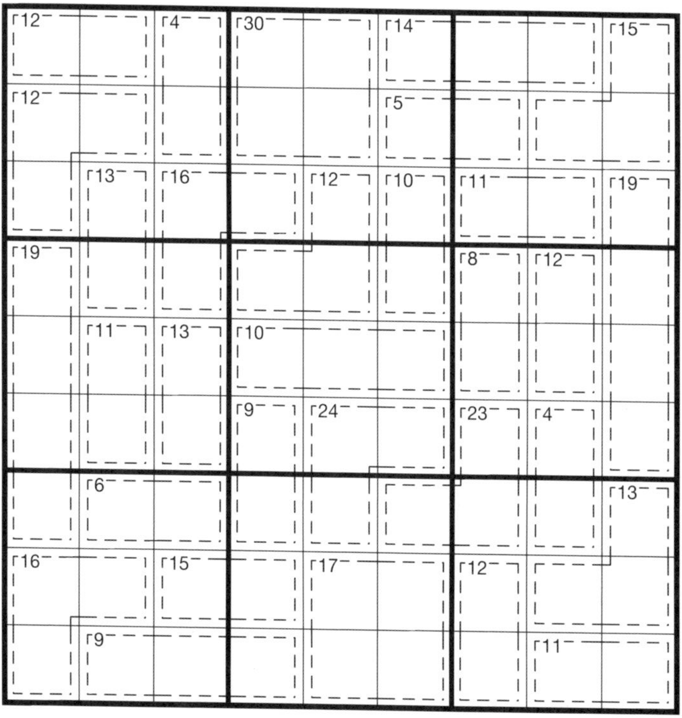

134

정답 : 259쪽

135

12		5		13		14	12	17
	23	15		3				
		14			10	9		
13		39				24		
24								
19			12				10	
	14			14			10	
	5	9	15		15			21
			7		7			

정답: 259쪽

136

22	3	8		15	12		11	12
		13						
	15	12	24		5		18	
14					9			
			10			24		
15		17		15	15		4	
12		9						23
	11	17	10		8		6	
					16			

정답 : 259쪽

137

21		11	13		4		19	
			13		11		15	
9	5		13					10
	10		15			11		
18			17			10		
5	14		13			7		14
	10	20		14		6		
12				7		17	17	
		8		16				

정답: 260쪽

138

11		10	23	9		11	13	
	15				22		10	6
		14				12		
11	22						25	
			18					13
21		4	27		11			
	15						14	
		12		15		4		23
5			9					

정답 : 260쪽

139

30		12			19			
		6	20		20	9		
				12			5	15
20			35			7		
5		10					7	
11	10		14			23		
		14			17	9		31
15								
15				14				

정답 : 260쪽

140

27	3	15		19		22		
			5		17			6
		20		13			9	
13			5	33				13
3					7	16	19	
	18							
11		19	15		6		20	
				13		13	8	
17								

정답 : 260쪽

141

34		14		5		15	15	
			6	11			6	
7		12		17		15		43
				21				
38								
		10			9		14	
	5		10		9		30	
13		17	9			7		
			13					

정답 : 261쪽

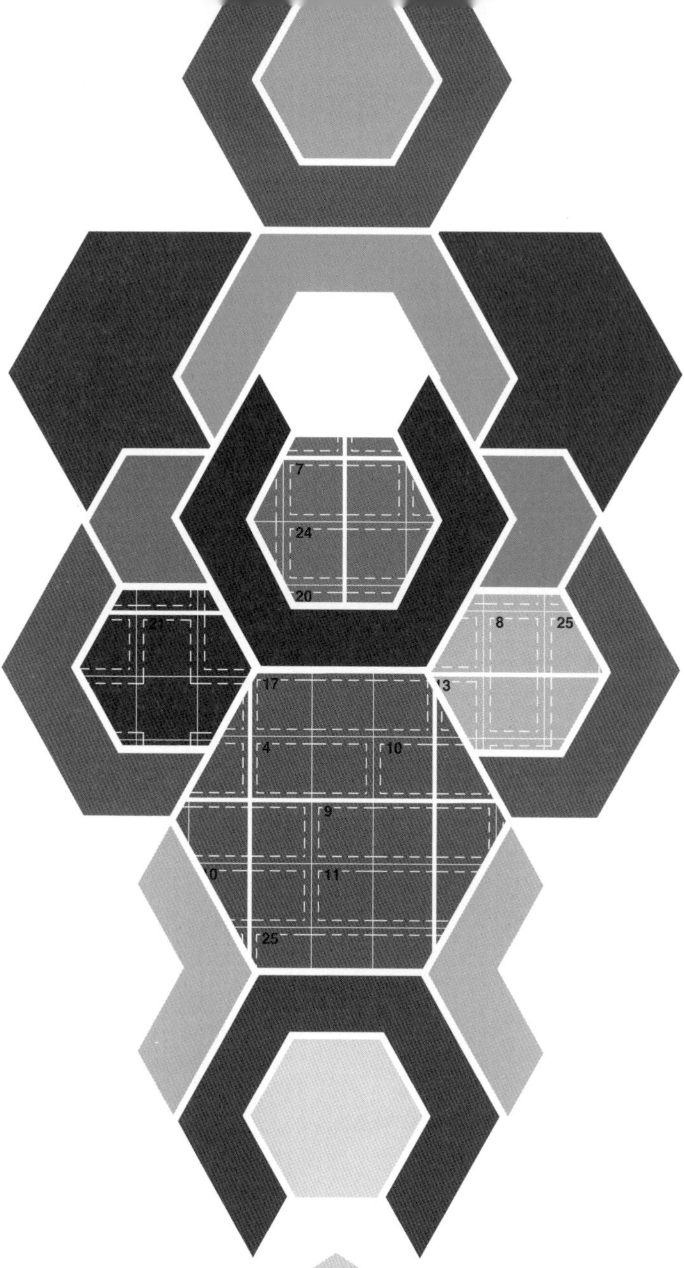
7
24
20
21
8
25
17
13
4
10
9
10
11
25

프레임
스도쿠

유형 소개

빈칸에 1부터 9까지의 숫자를 넣어보세요. 행, 열 또는 굵은 선으로 표시된 3×3 상자 안에서는 숫자가 겹치지 않도록 주의해야 합니다. 9×9 상자 외부에 있는 숫자들은 바로 인접한 3×3 상자의 행 또는 열에 있는 수를 더한 값입니다.

문제 예시

	24	6	15	15	21	9	11	12	22	
15										22
17										9
13										14
9										24
20										9
16										12
14										7
21										15
10										23
	12	21	12	14	13	18	20	15	10	

정답

	24	6	15	15	21	9	11	12	22	
15	**8**	**3**	**4**	**1**	**5**	**2**	**6**	**7**	**9**	22
17	**9**	**2**	**6**	**8**	**7**	**4**	**3**	**1**	**5**	9
13	**7**	**1**	**5**	**6**	**9**	**3**	**2**	**4**	**8**	14
9	**3**	**4**	**2**	**5**	**6**	**1**	**8**	**9**	**7**	24
20	**5**	**8**	**7**	**4**	**3**	**9**	**1**	**6**	**2**	9
16	**1**	**6**	**9**	**7**	**2**	**8**	**5**	**3**	**4**	12
14	**6**	**5**	**3**	**9**	**8**	**7**	**4**	**2**	**1**	7
21	**4**	**9**	**8**	**2**	**1**	**6**	**7**	**5**	**3**	15
10	**2**	**7**	**1**	**3**	**4**	**5**	**9**	**8**	**6**	23
	12	21	12	14	13	18	20	15	10	

142

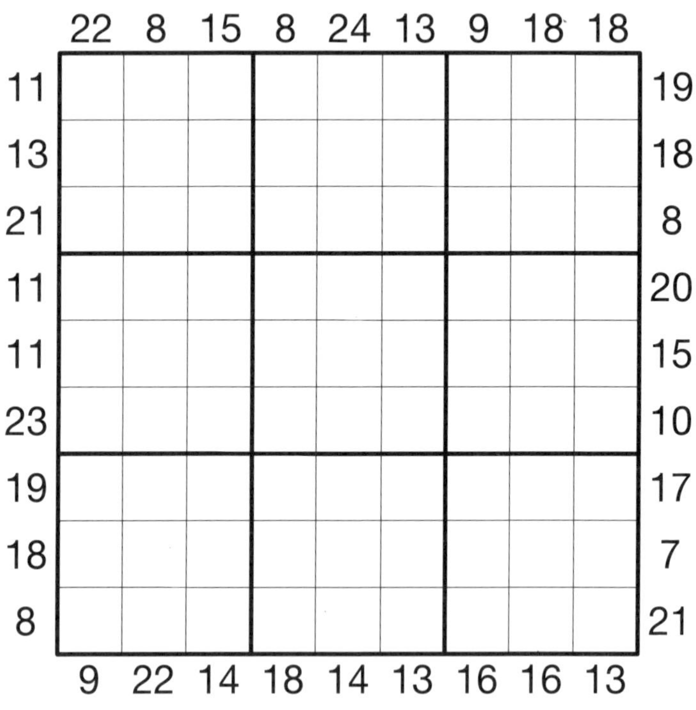

22 8 15 8 24 13 9 18 18
11 13 21 11 11 23 19 18 8
19 18 8 20 15 10 17 7 21
9 22 14 18 14 13 16 16 13

정답 : 261쪽

143

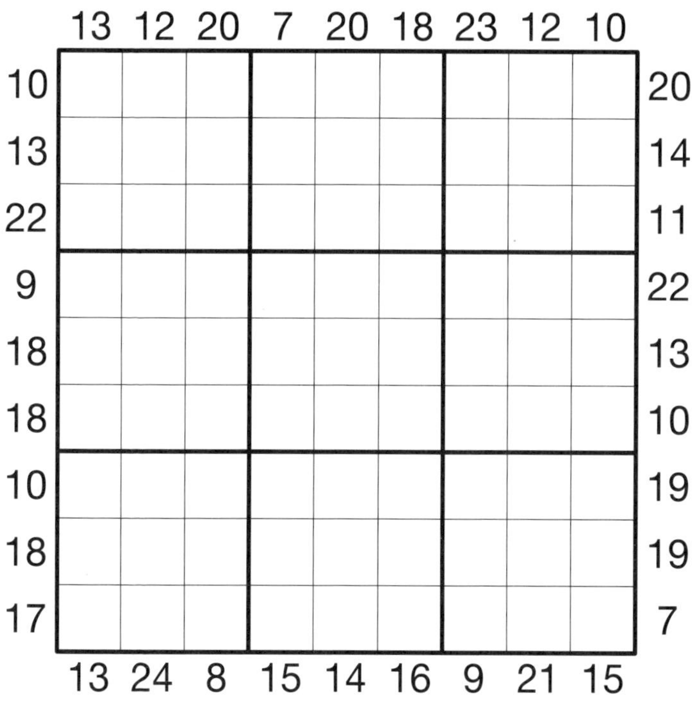
13 12 20 7 20 18 23 12 10
10
13
22
9
18
18
10
18
17
20
14
11
22
13
10
19
19
7
13 24 8 15 14 16 9 21 15

정답 : 261쪽

144

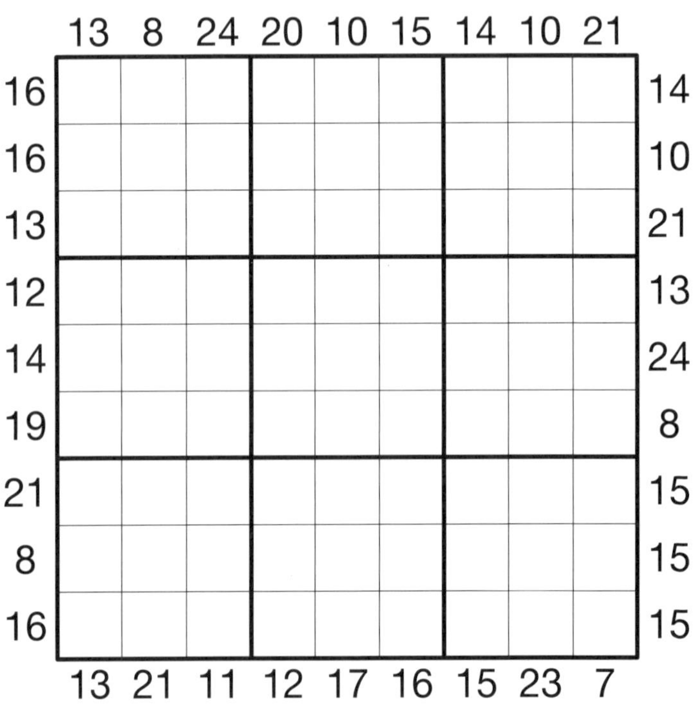
13 8 24 20 10 15 14 10 21
16 16 13 12 14 19 21 8 16
14 10 21 13 24 8 15 15 15
13 21 11 12 17 16 15 23 7

정답 : 261쪽

145

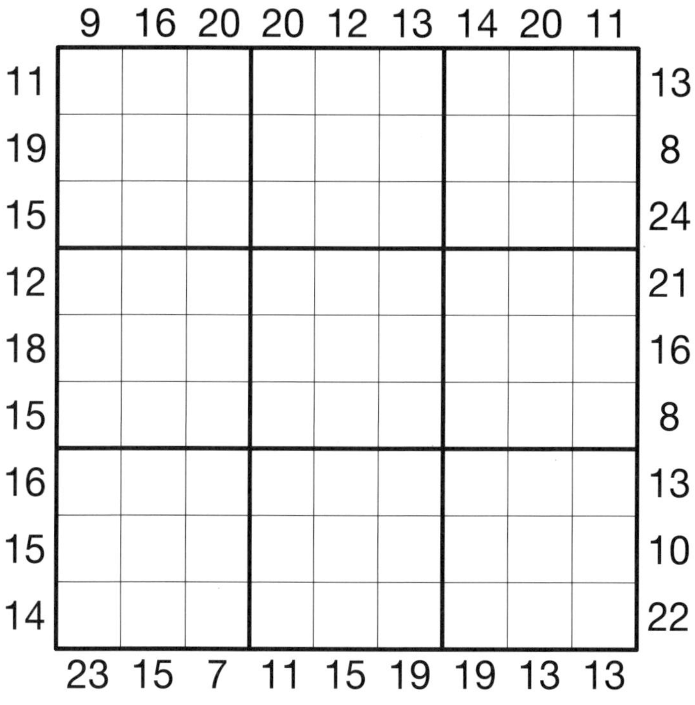

	9	16	20	20	12	13	14	20	11	
11										13
19										8
15										24
12										21
18										16
15										8
16										13
15										10
14										22
	23	15	7	11	15	19	19	13	13	

정답 : 262쪽

146

	17	21	7	13	17	15	10	22	13	
18										12
13										11
14										22
8										24
17										12
20										9
18										7
14										17
13										21
	8	13	24	22	9	14	17	9	19	

정답 : 262쪽

147

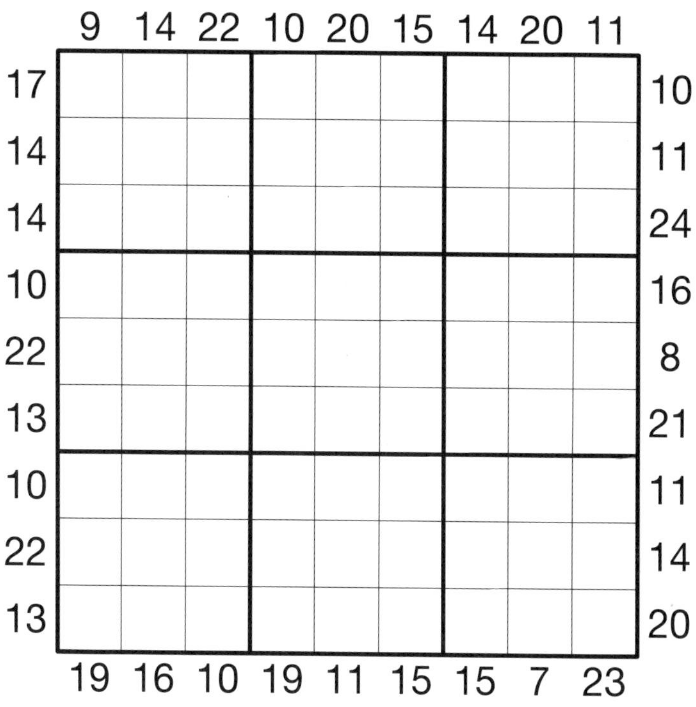
9 14 22 10 20 15 14 20 11
17 14 14 10 22 13 10 22 13
10 11 24 16 8 21 11 14 20
19 16 10 19 11 15 15 7 23

정답 : 262쪽

148

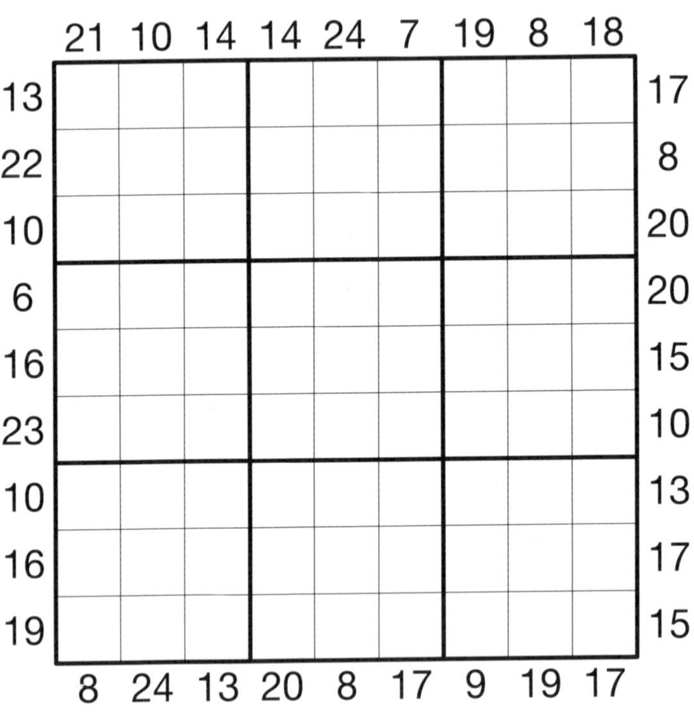
21 10 14 14 24 7 19 8 18
13 22 10 6 16 23 10 16 19
17 8 20 20 15 10 13 17 15
8 24 13 20 8 17 9 19 17

정답: 262쪽

149

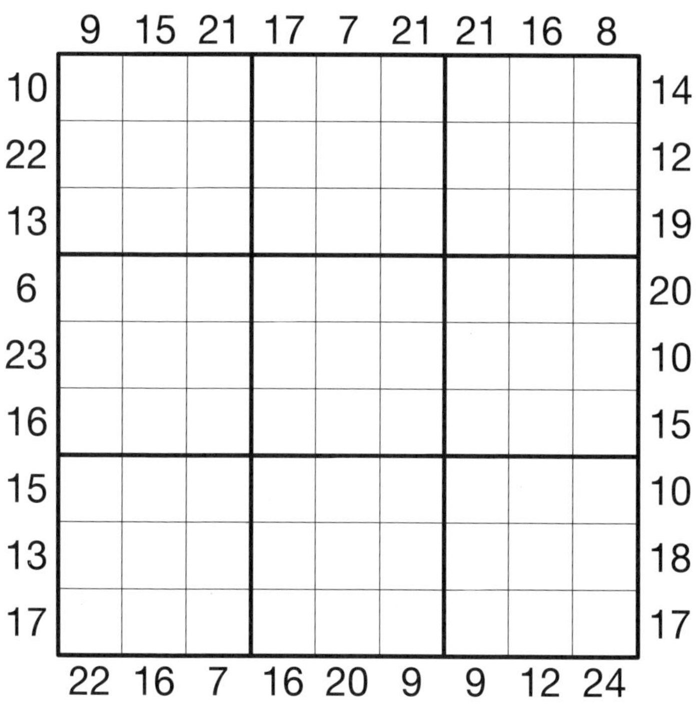
9 15 21 17 7 21 21 16 8
10
22
13
6
23
16
15
13
17
14
12
19
20
10
15
10
18
17
22 16 7 16 20 9 9 12 24

정답 : 263쪽

150

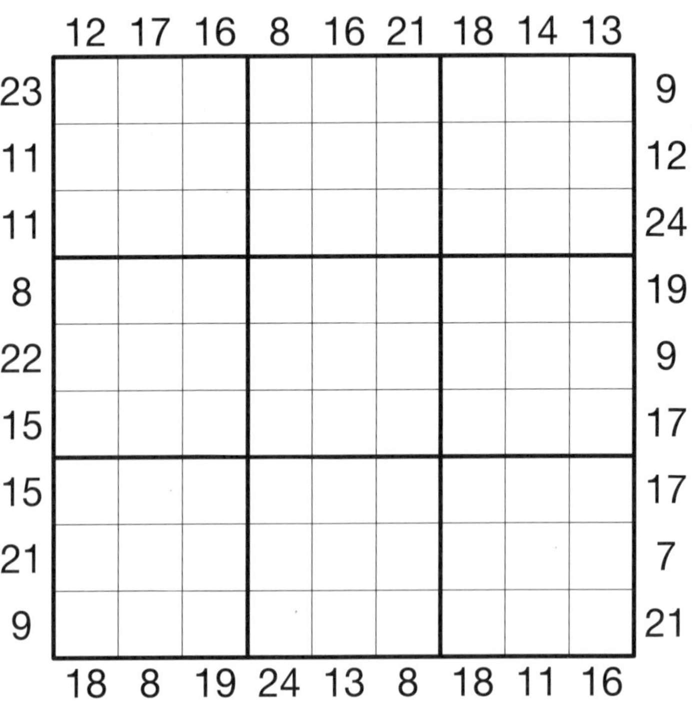

	12	17	16	8	16	21	18	14	13	
23										9
11										12
11										24
8										19
22										9
15										17
15										17
21										7
9										21
	18	8	19	24	13	8	18	11	16	

정답 : 263쪽

151

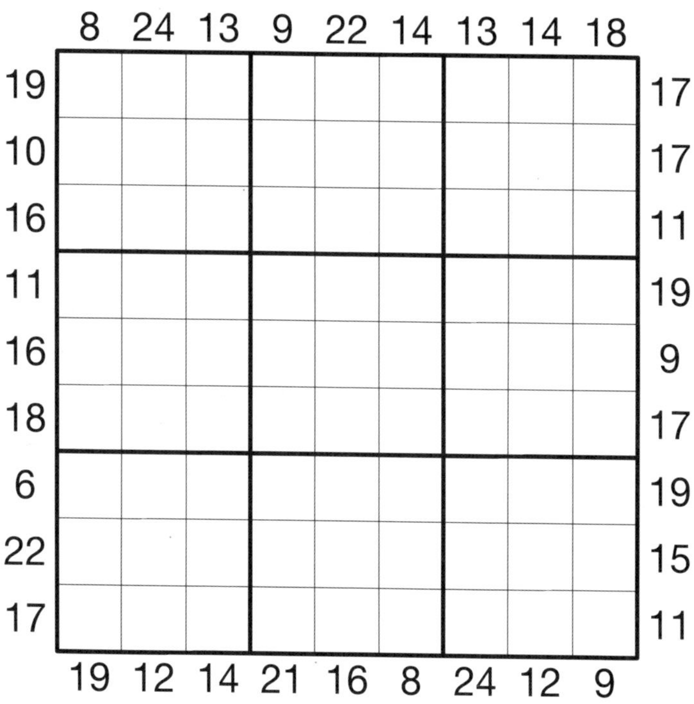
8 24 13 9 22 14 13 14 18
19
10
16
11
16
18
6
22
17
17
17
11
19
9
17
19
15
11
19 12 14 21 16 8 24 12 9

정답 : 263쪽

리틀 킬러
스도쿠

유형 소개

빈칸에 1부터 9까지의 숫자를 넣어보세요. 행, 열 또는 굵은 선으로 표시된 3×3 상자 안에서는 숫자가 겹치지 않도록 주의해야 합니다. 9×9 상자 외부에 있는 숫자들은 표시된 위치에서 대각선에 있는 모든 숫자의 합을 나타냅니다. 행, 열 및 상자 제약 조건에 따라 대각선의 숫자는 겹칠 수 있습니다.

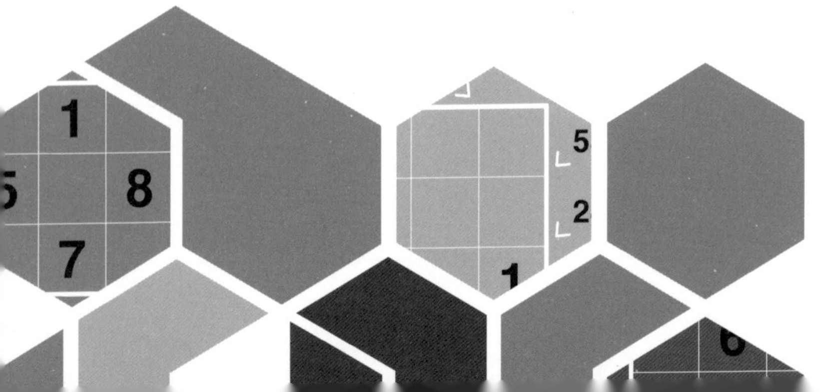

문제 예시

	41	28	31	23	28	9	11	7		
							3			55
1					7					43
14				1						28
18							6	5		23
16										12
25		8	6							13
31						1				14
31					3					4
36			7							
		9	7	14	16	36	27	27	45	

정답

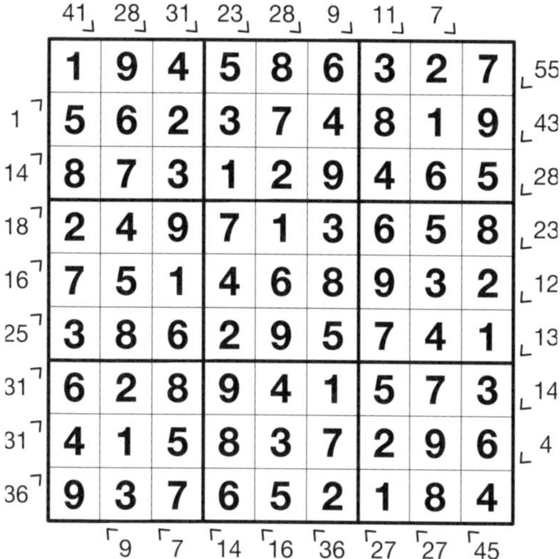

	41	28	31	23	28	9	11	7		
	1	9	4	5	8	6	3	2	7	55
1	5	6	2	3	7	4	8	1	9	43
14	8	7	3	1	2	9	4	6	5	28
18	2	4	9	7	1	3	6	5	8	23
16	7	5	1	4	6	8	9	3	2	12
25	3	8	6	2	9	5	7	4	1	13
31	6	2	8	9	4	1	5	7	3	14
31	4	1	5	8	3	7	2	9	6	4
36	9	3	7	6	5	2	1	8	4	
		9	7	14	16	36	27	27	45	

152

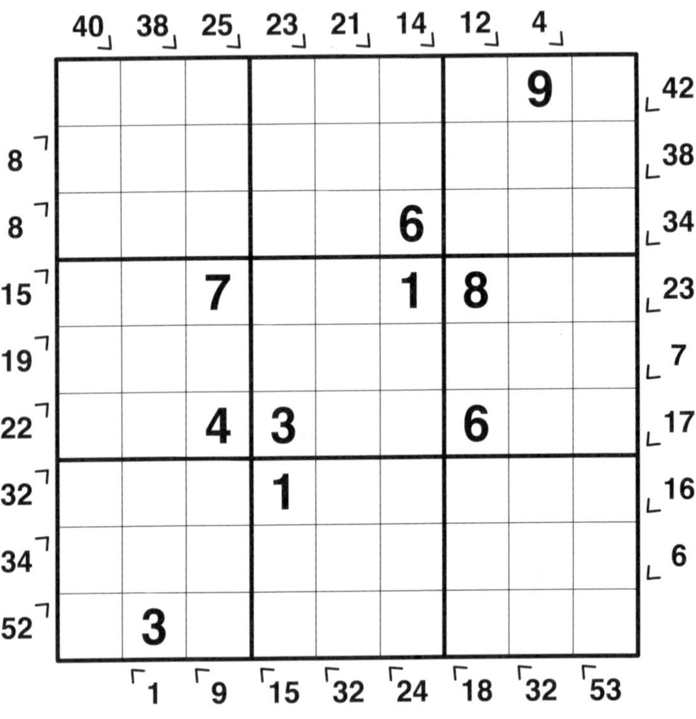

정답 : 263쪽

153

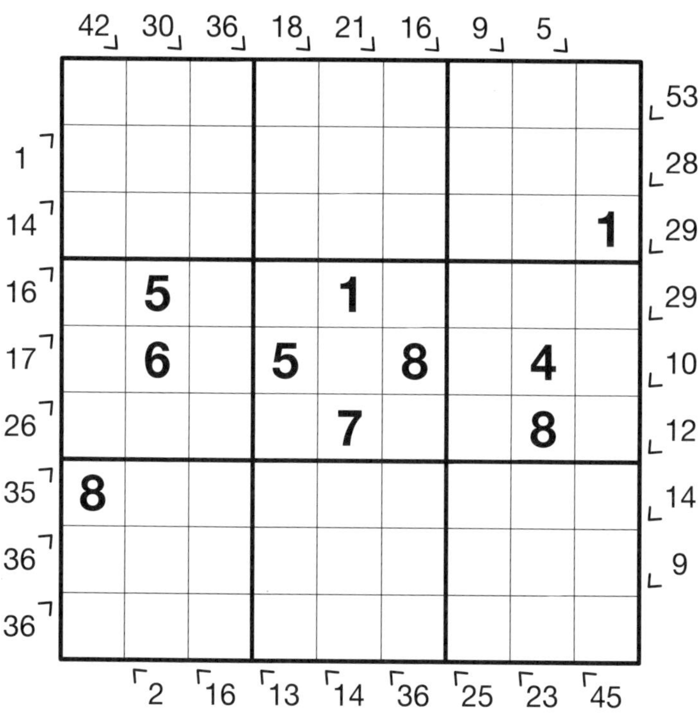
42
30
36
18
21
16
9
5
53
28
29
29
10
12
14
9
1
14
16
17
26
35
36
36
2
16
13
14
36
25
23
45
1
5
1
6
5
8
4
7
8
8

정답 : 264쪽

154

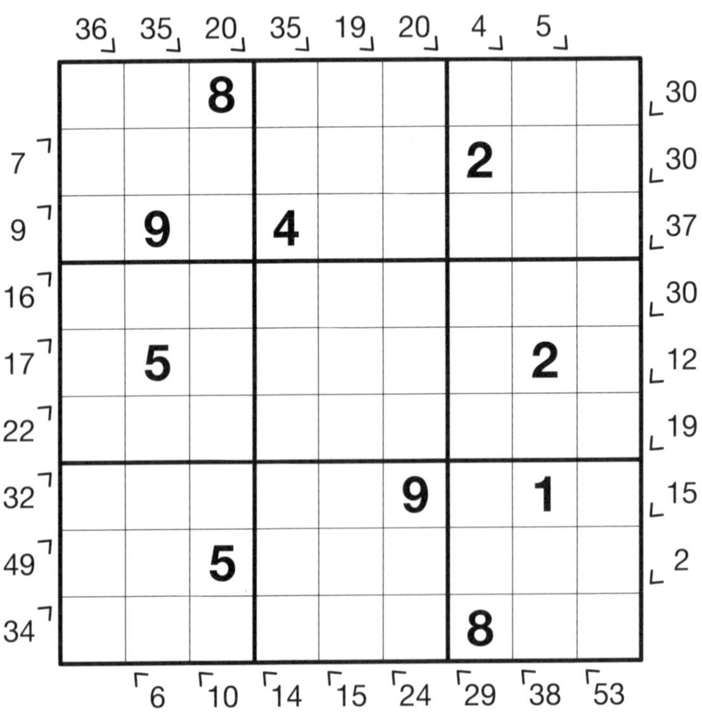

정답 : 264쪽

155

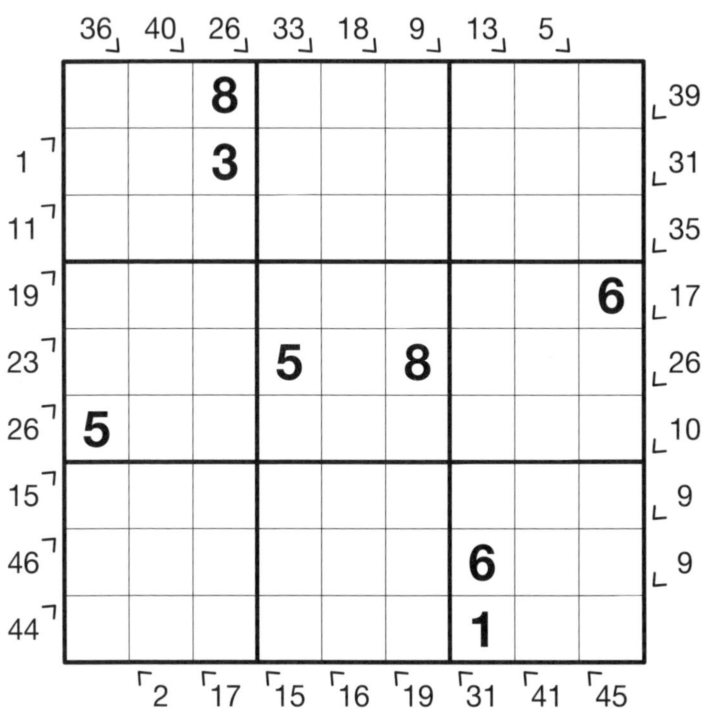

정답: 264쪽

156

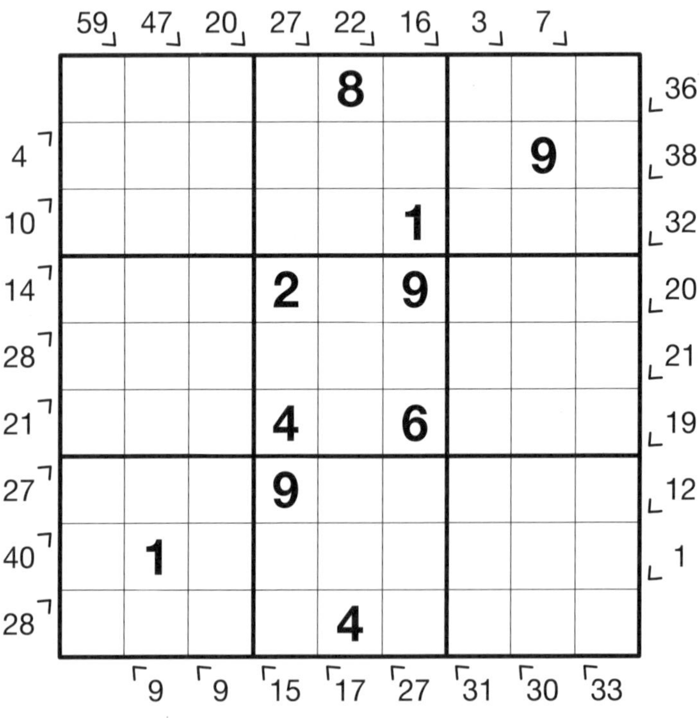

정답 : 264쪽

157

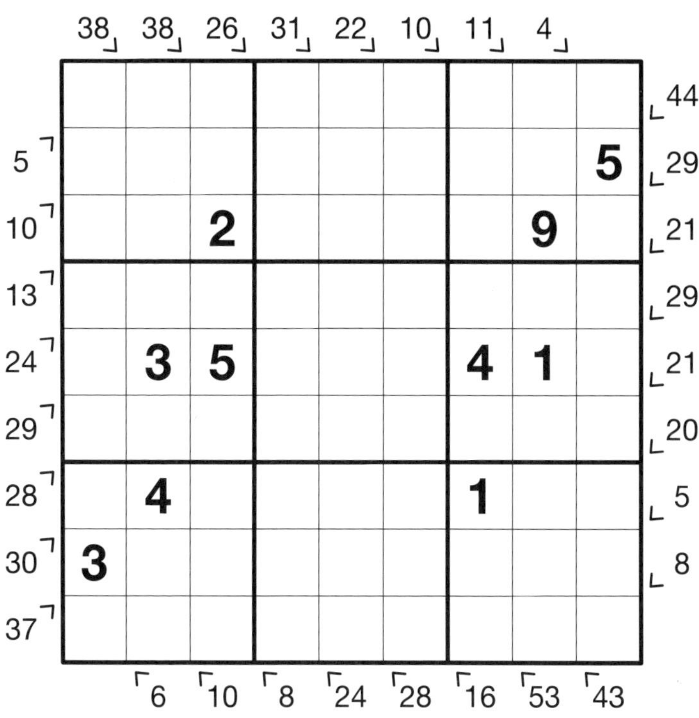

정답 : 265쪽

158

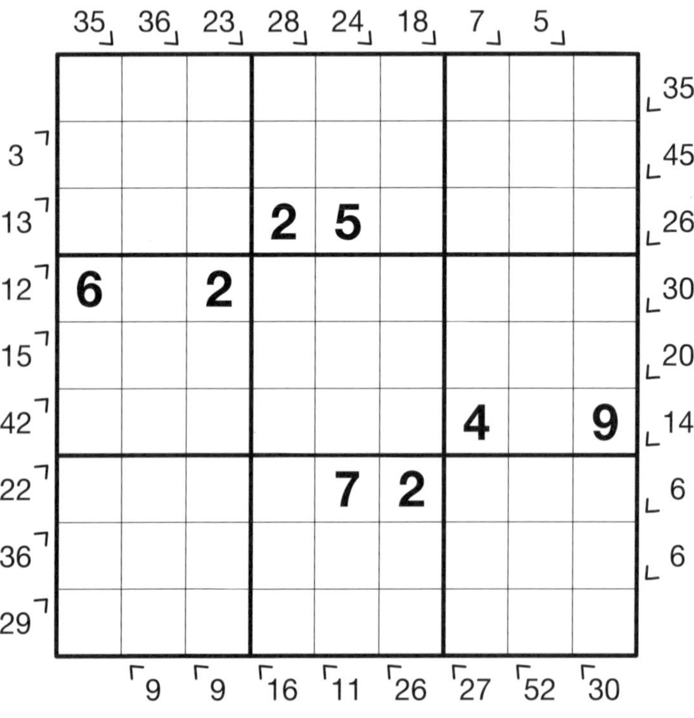

정답 : 265쪽

159

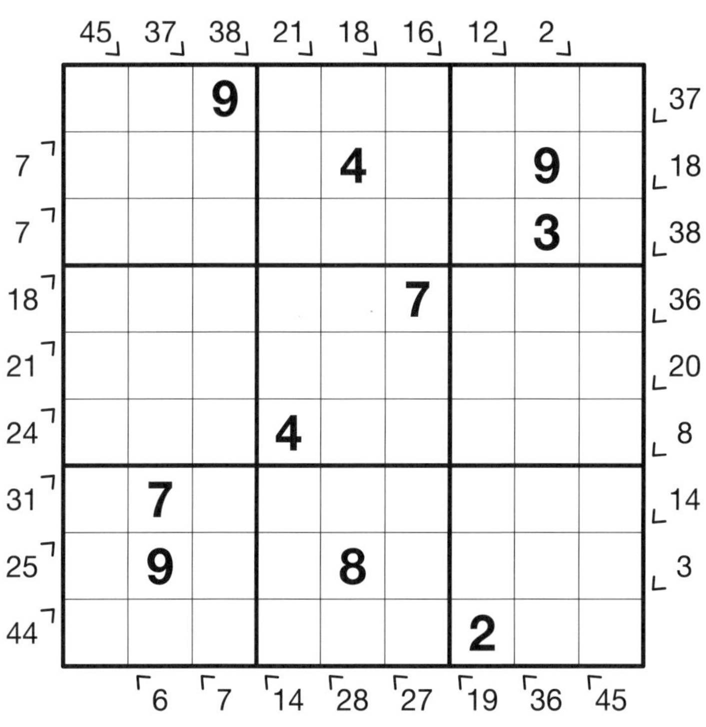

정답: 265쪽

160

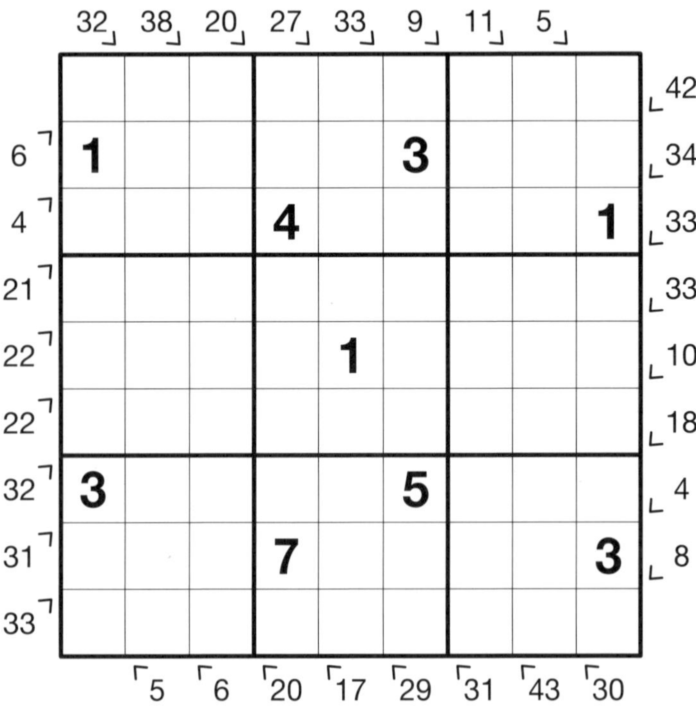
32
38
20
27
33
9
11
5
42
34
33
33
10
18
4
8
6
4
21
22
22
32
31
33
1
3
4
1
1
3
5
7
3
5
6
20
17
29
31
43
30

정답: 265쪽

161

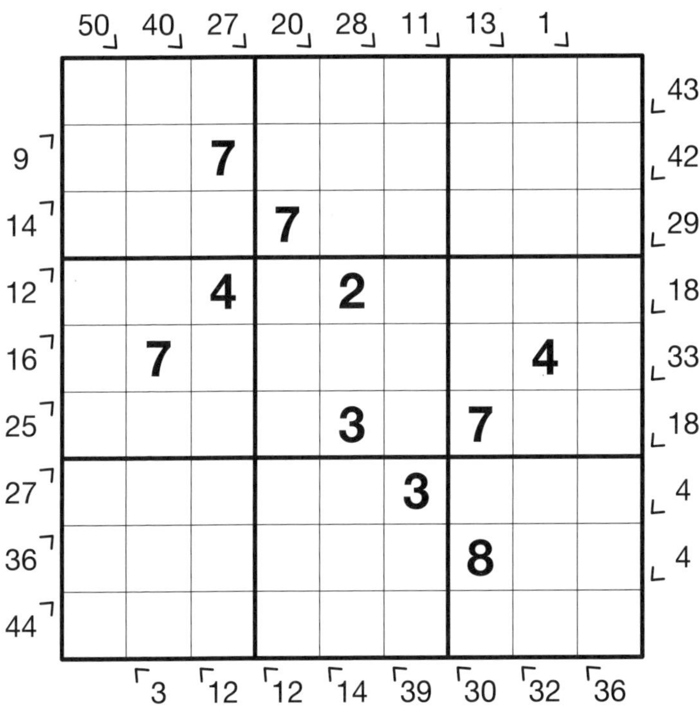

정답 : 266쪽

킬러
스도쿠 0-8

유형 소개

빈칸에 0부터 8까지의 숫자를 넣어보세요. 행과 열, 또는 굵은 선의 3×3 상자 안에서는 숫자가 겹치지 않도록 주의해야 합니다. 점선 영역의 왼쪽 상단에 표시된 숫자는 점선 영역 안에 있는 숫자를 더한 값입니다.

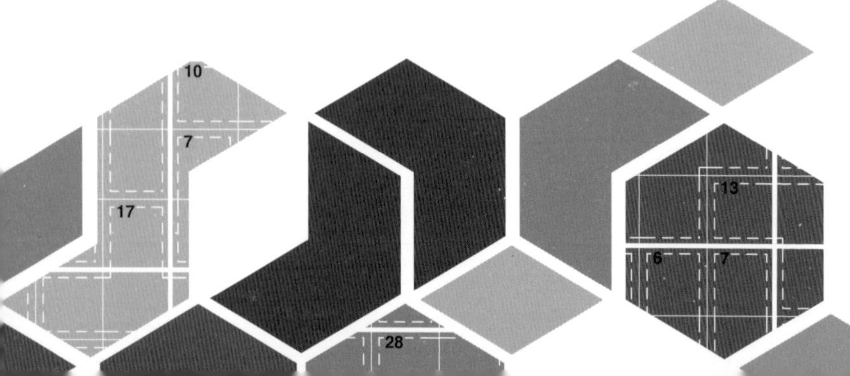

문제 예시

0 1 2 3 4 5 6 7 8

10		8		13		8	6	12
	17	4		6				
		5	13		8	9	10	
18								20
	3		15			3		
	6	14	16		14			
12				2			7	
	6	9	10		13			15
			5		7			

정답

0 1 2 3 4 5 6 7 8

0	4	5	3	6	7	8	1	2
6	8	3	1	2	4	0	5	7
2	7	1	8	5	0	6	4	3
8	2	4	0	7	1	3	6	5
7	3	0	5	4	6	1	2	8
1	5	6	2	8	3	4	7	0
5	1	8	6	0	2	7	3	4
4	6	2	7	3	8	5	0	1
3	0	7	4	1	5	2	8	6

162

0 1 2 3 4 5 6 7 8

정답 : 266쪽

163

0 1 2 3 4 5 6 7 8

10 21 9 7
3 13 10 14 8
17 11 6
25 18 17
8 30
10 9 26 3 9 10
14 6
4 6

정답 : 266쪽

164

	0	1	2	3	4	5	6	7	8
	20	7		7		14	6	9	
			5					13	9
	14		18			5			
		19	7		9		6		17
			5	12					
				14		8			
	7		9		15			22	
			5	12		9			
	8				3		10		

정답 : 266쪽

165

0 1 2 3 4 5 6 7 8

13		13	2	19	12		7	
							7	6
	15			13	16			
6	13				13		26	
	22							
		13			6			
8	9				17			11
		26			3			
8		9					11	

정답 : 267쪽

166

0 1 2 3 4 5 6 7 8

17				9		16	8	7
31								
	8		17		7		6	
2				9			11	
13		5			6		8	
6		7	8		22		9	
7						6		28
12	14							
			11		14			

정답 : 267쪽

167

0 1 2 3 4 5 6 7 8

21 13 25
2 7 9 7
15 9 13
10 2 8 3
5 31
9 13 10 13 6
7 1 10 4 16
30 6
19

정답 : 267쪽

168

0 1 2 3 4 5 6 7 8

25	12				4		12	
				15		4		
12	8		11	36	12		9	8
		3						
12						9	11	
9	6	11			8		4	6
						24		
13			10					
2		9		19				

정답 : 267쪽

0 1 2 3 4 5 6 7 8

1		12		5		11	11	
35	15			14			11	31
	13				1			
	15		20	13				
						17		
	14							
	8	7		6	14			
		8			8			
11			8		14		1	

정답 : 268쪽

170

0 1 2 3 4 5 6 7 8

16				3	12			22
6	17		14					
		3		12	13	6		
12			15			12	16	
3		12						
16			7	14		9	7	
					4		11	5
16			6					
	15				20			

정답: 268쪽

171

0 1 2 3 4 5 6 7 8

6	8	7	10		13	11	3	
			7	6				10
11		17				12		
26				28		34		
					13			
9	8		19	6	7		1	
	5					15	9	5
14				4				

정답 : 268쪽

킬러 스도쿠 PRO

유형 소개

빈칸에 1부터 9까지의 숫자를 넣어보세요. 행과 열, 굵은 선의 3×3 상자 또는 점선 영역에서는 숫자가 겹치지 않도록 주의해야 합니다. 각 점선 영역 안에 들어가는 숫자는, 명시된 연산(왼쪽 상단에 표시)을 해당 영역 안에 있는 숫자들에 적용한 값과 같아야 합니다. 뺄셈 및 나눗셈 연산은 영역 안의 가장 큰 숫자부터 시작한 다음 다른 숫자로 빼거나 나눕니다. 예를 들어, '4-'에 대한 해는 3, 2, 9가 될 수 있습니다.

문제 예시

9÷	0−	120×			11+		1÷	
			84×		27×	14+		
2−		756×				3−		
3−					4−		9+	
	3−		42×			48×		12+
3÷		36×		30+				
0−	1−		11+	180×			1−	
	6×					64×		7×
		10×		16+				

정답

9÷ 9	0− 6	120× 3	5	8	11+ 4	7	1÷ 1	2
1	8	2	84× 6	7	27× 3	14+ 5	9	4
2− 7	5	756× 4	1	2	9	3− 6	3	8
3− 8	3	7	9	1	4− 6	2	9+ 4	5
5	3− 4	1	42× 7	3	2	48× 8	6	12+ 9
3÷ 6	2	36× 9	4	30+ 5	8	1	7	3
0− 2	1− 7	8	11+ 3	180× 4	1	9	1− 5	6
3	6× 1	6	8	9	5	64× 4	2	7× 7
4	9	10× 5	2	16+ 6	7	3	8	1

172

9×		48×	9+		56×			29+
1−			63×	320×				
3+	13+					22+		
		216×			30+			32×
56×							6×	
	28+			35×				9+
			504×		36×			
1512×						2−	10×	
	1−			4÷			2−	

정답: 268쪽

173

1-			12×		9÷	15+	19+	
4-	1-		22+					
		0-	24×			6+		135×
11+				12×		11+		
		9+	14+				270×	16×
168×			16+		3-			
	8+		23+				7+	
16×	216×		5-			24×		
				1-		18+		

정답 : 269쪽

174

324×		5−		1−		216×	140×	
		112×			14+			
18+	4−		7×				8+	
	7−	15×	9+	216×	1680×			
					4+	5+	5−	14+
420×								
2−		216×	3÷	4÷		6÷		
48×				42×			26+	
			1−		14×			

정답 : 269쪽

175

7÷		18+		22+	1-		360×	
11+							5+	
1-		30×	3-	23+	3-			54×
	16+				40×			
		4-			16×		126×	
0-						36×		5×
	32×	2-					84×	
10×		19+	25+			90×		
							2÷	

정답 : 269쪽

176

7−	18+			23+		180×	96×	
	14+				8÷			
1728×		13+				14×	3÷	
	17+			35+			3−	
						23+		
42×		5−			80×			
12×			10+	360×			14+	
70×	72×			15+				14+
					72×			

정답 : 269쪽

177

7÷	40×	216×		126×			5-	
			1-			4-		10+
0-	6×			270×	280×			
	14×	5-					12+	
		27+						432×
11+		810×	16+		5-			
					378×	4×		
	5+		0-			0-	6-	5-
48×								

정답 : 270쪽

178

13+	135×	5-			19+		28×	
		0-		14+			10+	
2÷		1-				14+		9×
	6-		252×	12×	16+	10+		
		8+					45×	168×
45×	2-					10+		
			18+		4-		1-	
10+		288×						11+
12+				18+				

정답 : 270쪽

179

21×		90×			8+	24×		72×
7-	0-		1-			70×		
		20+						10+
2-	10+		21+		270×	17+		
		112×					60×	2×
63×	13+							
	24+		5-	60×			4-	9+
30×				5-				
	1-			224×			54×	

정답 : 270쪽

180

48×			324×		35×		24+	
6−		280×				11+		
	24×			45+	540×			4÷
7+		5−					35×	
	9+					3÷		3×
1−		672×					1−	
	2−				112×			9+
280×			60×				864×	
		12+						

정답 : 270쪽

181

21+		21+				27×		18+
9+		6-		5÷				
	18+				3×		16+	
22+		13+		0-				19+
	7+		90×			48×		
	30×	18+			8+			
		5-		5-	64×			10+
20+			24+		35×		2-	
	3-							

정답 : 271쪽

킬러 **스도쿠** 미스터리

유형 소개

빈칸에 1부터 9까지의 숫자를 넣어보세요. 행과 열, 굵은 선의 3×3 상자 또는 점선 영역의 숫자는 겹치지 않아야 합니다. 또한 각 점선 영역 왼쪽 상단에 해당 점선 영역 안에서 숫자들 사이에 적용될 연산을 물음표로 표시해 두었습니다. 연산은 덧셈일 수도 있고, 뺄셈, 곱셈 또는 나눗셈일 수도 있습니다. 빼기와 나눗셈 연산은 점선 영역 안에서 가장 높은 숫자부터 시작합니다. 그런 다음 다른 숫자를 빼거나 나눕니다. 예를 들어 '4?'이라고 표시한 점선 영역에는 3, 2, 9가 올 수 있습니다.

문제 예시

504?		2?	1680?	9?		11?		11?
	40?				216?			
					11?		7?	
6?		1?	810?				360?	
	240?				168?			7?
		252?						
2?		144?		24?		90?	336?	
24?				120?				12?
	2?							

정답

504? 9	8	2? 1	1680? 5	9? 2	3	11? 4	7	11? 6
7	40? 2	6	8	4	216? 9	1	3	5
5	4	3	6	7	11? 1	8	7? 2	9
6? 2	1	1? 7	810? 9	3	4	6	360? 5	8
3	240? 5	4	2	6	168? 8	7	9	7? 1
8	6	252? 9	7	1	5	3	4	2
2? 1	3	144? 2	4	24? 9	6	90? 5	336? 8	7
24? 4	9	8	1	120? 5	7	2	6	12? 3
6	2? 7	5	3	8	2	9	1	4

182

1680?		4?	162?			126?		
			80?		24?			14?
12?				42?	10?			
21?	7?	16?			3?		18?	
		540?					48?	
		4?		16?	21?			
72?		24?			13?		2?	
	0?			630?		6?	20?	
4?								

정답 : 271쪽

183

24?				9?		3?	2?	120?
0?		0?	15?					
	30?		8?		16?		2?	
			11?	12?	24?			126?
13?		63?			56?			
	11?					15?	126?	
42?		24?		8?				0?
	17?	4?	36?					
			63?		15?			

정답 : 271쪽

184

5?		144?			84?			14?
1512?			7?	288?	20?	15?		
1?								63?
60?	18?					18?		
			3?			23?		
11?	10?		13?		45?			
	270?		5?		18?	280?	8?	
224?								
	10?			360?			18?	

정답 : 271쪽

185

5?			4?	3?		20?		6?
120?					16?	22?		
4?		14?		26?			0?	
10?		23?						56?
11?			192?			17?		
	180?	14?					15?	
					56?		6?	
3?				10?		20?		
	11?		42?			11?		

정답 : 272쪽

186

1260? 11? 378? 14? 216?
32? 14? 8?
14? 13? 36? 160?
42? 60?
72? 12? 0? 2?
90? 168? 810?
224? 17? 9?
96? 3? 108?

정답 : 272쪽

187

35?		7?		15?		12?		0?
5?	3?		15?					
		4?		60?			11?	9?
84?	14?			40?	18?			
			126?			3?	15?	
54?	4?				1?			
		336?					17?	8?
7?		17?	90?	3?				
					56?		9?	

정답 : 272쪽

188

32?	630?		378?		36?		13?	2?
				1?				
11?		29?				7?		0?
	1?		60?	18?	6?			
					1?		2?	
14?		2?				320?		24?
	45?						24?	
21?	4?	432?			140?			45?
		1?						

정답 : 272쪽

189

12? 756? 35? 2? 1? 11?
40? 16? 2?
3? 108? 4?
13? 4? 84? 280? 3?
0? 120?
9? 3? 4?
192? 10? 5? 17? 15?
14? 11? 8?
14? 2? 9?

정답 : 273쪽

190

22?			1?		336?			7?
1?	120?		15?		4?		5?	
		8?		48?		3?		56?
189?			4?	1?				
					6?	15?		
8?	70?		336?			12?	0?	
	36?				315?			5?
13?		3?				29?		
	9?			1?				

정답 : 273쪽

191

2?			3?	2?	42?		48?	
18?		2?			3?		16?	
	240?		1?	7?	2?			
9?		15?				2?	10?	
			378?				11?	17?
5?			24?	27?	35?			
1?	135?					48?		10?
		6?		10?	4?			
		9?				252?		

정답 : 273쪽

킬러 캘큐도쿠

유형 소개

빈칸에 1부터 9까지의 숫자를 넣어보세요. 행과 열, 굵은 선의 3×3 상자 또는 실선(가는 선) 영역의 숫자는 겹치지 않아야 합니다. 또한 각 실선 영역 왼쪽 상단에는 해당 실선 영역 안에서 숫자들 사이에 적용될 연산 기호와 연산 결괏값을 표시해 두었습니다. 주어진 연산 기호대로 연산을 하되, 빼기와 나눗셈 연산은 실선 영역 안에서 가장 높은 숫자부터 시작합니다. 그런 다음 다른 숫자를 빼거나 나눕니다. 예를 들어 '3-'이라고 표시한 실선 영역에는 1, 5, 9가 올 수 있습니다.

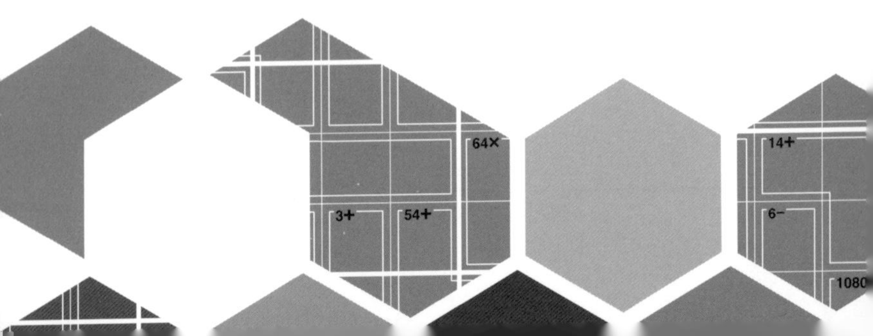

문제 예시

160×			11+	73+	162×			
12×						40×	21×	
21+			7+				15+	
15+		2−	1−				2÷	
	56×					6×		5×
3−				2−			13+	
		5−		18×				
2÷					14+	30+	8+	
72×								

정답

160× 4	5	8	11+ 2	73+ 7	162× 3	1	9	6
12× 2	6	1	9	5	4	40× 8	21× 3	7
21+ 7	3	9	7+ 1	6	8	5	15+ 2	4
15+ 6	2	2− 3	1− 5	4	1	7	2÷ 8	9
9	56× 7	5	6	8	2	6× 3	4	5× 1
3− 1	8	4	3	2− 9	7	2	13+ 6	5
5	9	5− 7	8	18× 3	6	4	1	2
2÷ 8	4	2	7	1	14+ 9	30+ 6	8+ 5	3
72× 3	1	6	4	2	5	9	7	8

192

3−		84×			4−		432×	
27×		12+			30+		14×	
2−								
4÷	240×				2−	72×		90×
		1512×					24×	
	2−		24×					
13+		39+			1−		21×	
168×					19+		7+	
		3−					4−	

정답 : 274쪽

193

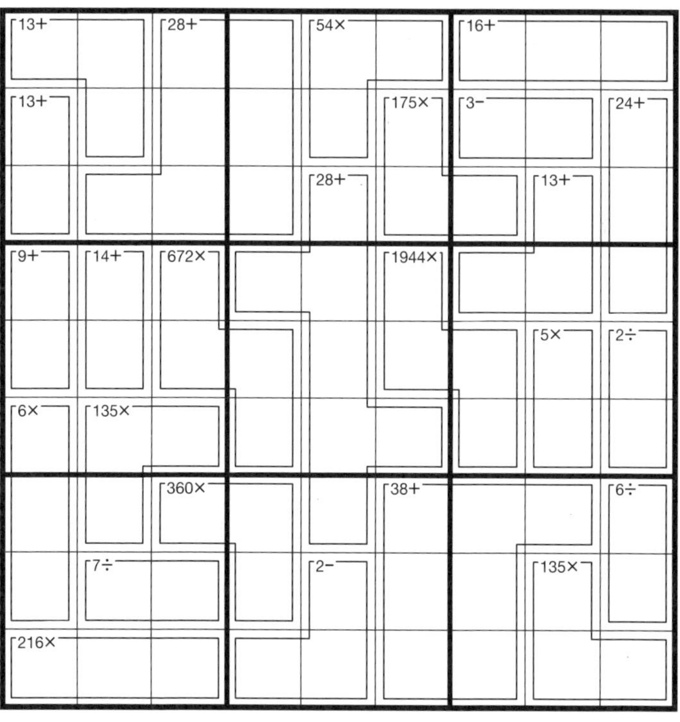
13+
28+
54×
16+
13+
175×
3−
24+
28+
13+
9+
14+
672×
1944×
5×
2÷
6×
135×
360×
38+
6÷
7÷
2−
135×
216×

정답 : 274쪽

194

1−	5−	7÷	14+	9+	24×	16+		
						540×		224×
135×	6−		288×		18+			
				40×				
18+	18×		22+			8−		
					27+		54×	
	28+					8×		
			7−	9+	35×	3−	4−	14+
8+								

정답 : 275쪽

195

7÷	72×	6−			40×	504×		
		18+				720×		
1152×			1−	51+				20+
	5÷					4÷		
	20+				19+			
	6−				4×	6−		
	19+					90×		
135×			24×				16+	2−
				17+				

정답 : 275쪽

196

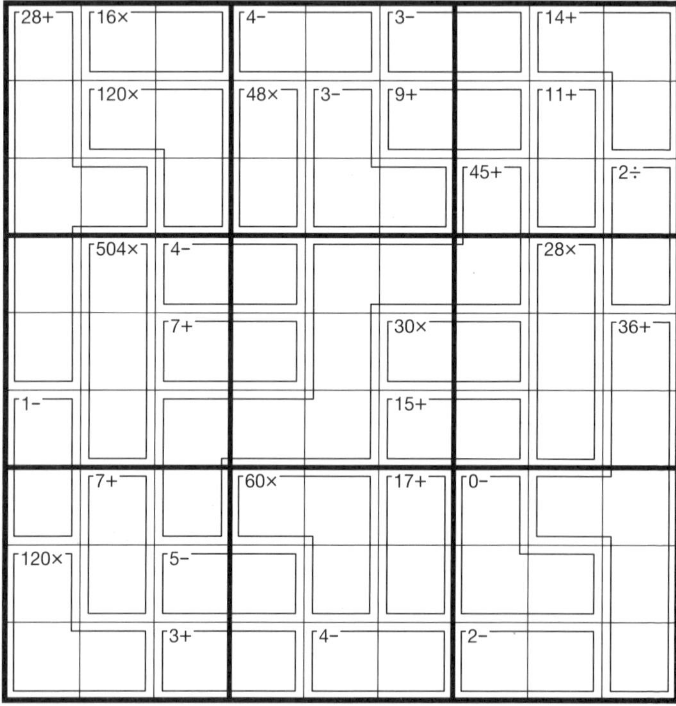

정답 : 276쪽

197

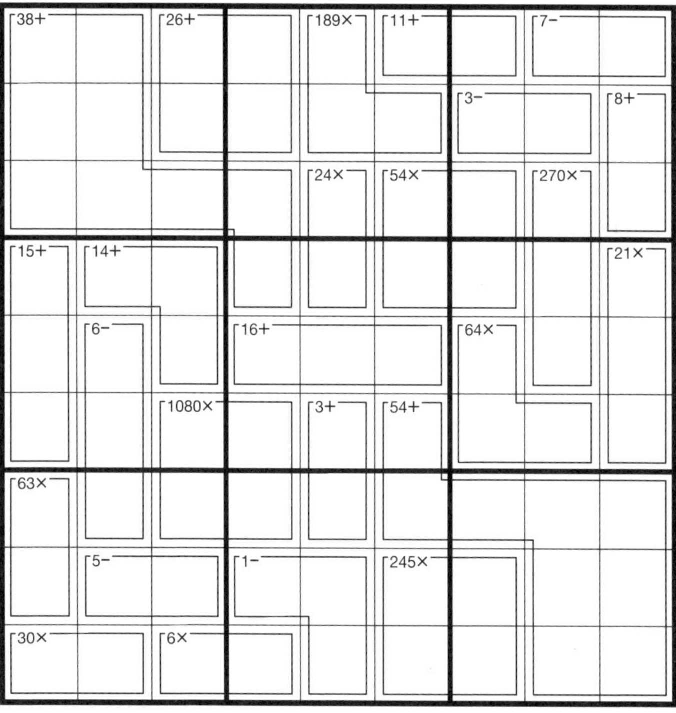

정답 : 276쪽

198

14+		1-			20×		9+	18+
70×		1-			1-			
		4-	4-		21+			
22+			2÷			35+	16+	
	24×							180×
			864×	7×		4-		
0-				12+			120×	
	5-	7+		216×				
		56×		45×			6×	

정답 : 277쪽

199

13+ 15+ 22+ 14×
22+ 192× 27× 2−
840× 11+ 15×
4− 4−
4× 168× 5+ 32+
34+
17+ 7+ 12+ 14+
90× 6+ 16+ 24×
19+

정답 : 277쪽

200

19+	42×		24+	2÷			14×	15×
				2−	27+			
		432×					25+	
8−				10+			0−	
432×	0−		112×					
		26+	10+		75×		2÷	
				40×			30+	3÷
12+	32×							
		24×				16+		

정답 : 278쪽

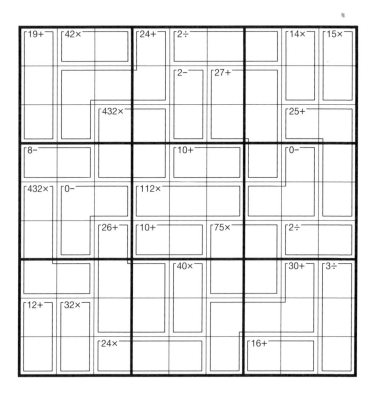

201

6−		2÷			31+			
60×	8+		2−	90×		12+		
	54×				11+		6−	
	9+				49+		40×	
126×								
24+				22+	60×	14×		1−
		13+				6×		
22+	2÷					21×		
				1−			7−	

정답 : 278쪽

정답

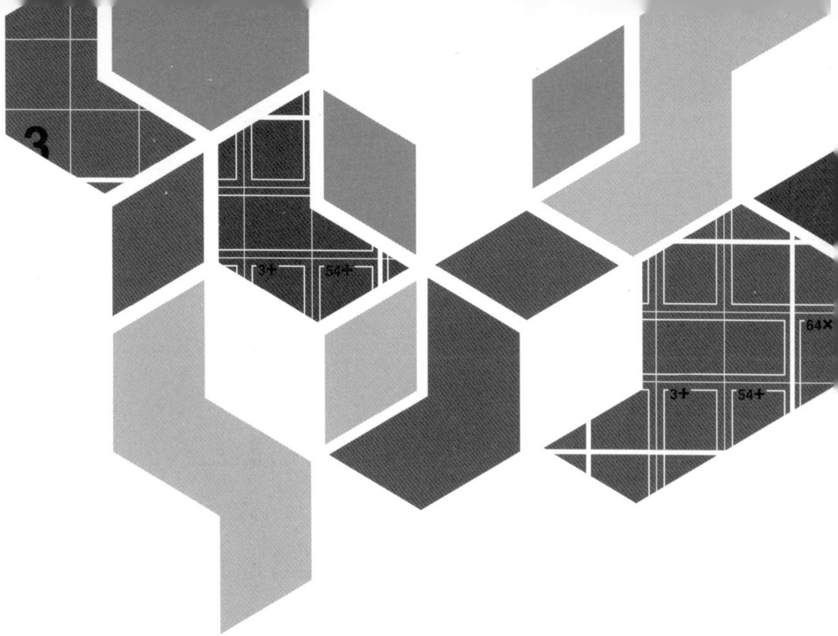

42
38
34
32
7
16+
3+
4

정답

1

1	2	8	6	3	7	9	5	4
6	9	4	5	1	2	7	3	8
7	3	5	8	9	4	1	2	6
2	7	3	4	5	6	8	1	9
4	1	9	3	2	8	5	6	7
5	8	6	9	7	1	2	4	3
9	5	7	2	6	3	4	8	1
3	4	1	7	8	5	6	9	2
8	6	2	1	4	9	3	7	5

2

6	7	2	9	5	8	3	1	4
3	5	4	1	6	2	9	8	7
1	8	9	3	4	7	2	5	6
9	6	8	2	1	5	7	4	3
7	2	1	6	3	4	8	9	5
4	3	5	8	7	9	6	2	1
8	1	7	4	2	6	5	3	9
2	4	6	5	9	3	1	7	8
5	9	3	7	8	1	4	6	2

3

3	5	9	1	6	7	4	2	8
4	8	2	5	3	9	6	7	1
7	6	1	8	2	4	3	5	9
2	1	3	4	5	8	7	9	6
8	7	4	9	1	6	2	3	5
6	9	5	2	7	3	1	8	4
1	3	6	7	9	5	8	4	2
5	4	7	6	8	2	9	1	3
9	2	8	3	4	1	5	6	7

4

6	9	2	1	4	8	3	7	5
5	7	4	9	6	3	2	1	8
1	8	3	5	7	2	9	4	6
2	4	1	3	5	7	8	6	9
8	6	9	2	1	4	7	5	3
7	3	5	6	8	9	1	2	4
4	2	8	7	9	6	5	3	1
9	5	7	4	3	1	6	8	2
3	1	6	8	2	5	4	9	7

정답

5

4	9	3	8	5	6	7	1	2
8	2	5	4	7	1	3	9	6
6	7	1	2	9	3	8	4	5
3	5	8	1	4	2	6	7	9
2	4	6	9	8	7	1	5	3
7	1	9	3	6	5	4	2	8
9	6	2	7	1	8	5	3	4
5	3	7	6	2	4	9	8	1
1	8	4	5	3	9	2	6	7

6

1	3	6	4	7	2	8	5	9
8	4	2	5	9	1	3	7	6
9	7	5	6	3	8	2	1	4
6	8	3	7	1	9	4	2	5
5	9	7	2	8	4	6	3	1
2	1	4	3	5	6	9	8	7
3	5	9	8	6	7	1	4	2
7	2	1	9	4	3	5	6	8
4	6	8	1	2	5	7	9	3

7

3	4	6	9	2	1	5	8	7
9	5	7	8	4	6	3	2	1
2	1	8	3	5	7	4	9	6
1	2	5	4	3	8	6	7	9
8	7	9	5	6	2	1	3	4
6	3	4	7	1	9	2	5	8
7	6	2	1	8	3	9	4	5
4	8	3	6	9	5	7	1	2
5	9	1	2	7	4	8	6	3

8

5	3	1	6	4	8	9	7	2
2	6	8	5	9	7	1	4	3
9	7	4	2	3	1	8	6	5
1	5	7	9	2	3	4	8	6
3	2	6	7	8	4	5	9	1
4	8	9	1	5	6	2	3	7
8	1	3	4	7	2	6	5	9
7	9	2	8	6	5	3	1	4
6	4	5	3	1	9	7	2	8

정답

9

2	6	7	1	5	3	9	4	8
8	1	5	9	7	4	2	3	6
9	4	3	2	8	6	1	7	5
1	7	6	5	4	2	8	9	3
3	8	2	6	9	1	7	5	4
5	9	4	8	3	7	6	1	2
6	5	8	3	1	9	4	2	7
4	2	1	7	6	5	3	8	9
7	3	9	4	2	8	5	6	1

10

5	4	3	7	9	2	8	1	6
6	9	2	1	8	4	5	3	7
1	7	8	3	6	5	9	4	2
3	8	1	6	4	9	2	7	5
7	6	5	2	3	1	4	9	8
4	2	9	8	5	7	3	6	1
9	1	4	5	2	6	7	8	3
8	5	7	9	1	3	6	2	4
2	3	6	4	7	8	1	5	9

11

6	5	1	8	2	7	4	3	9
3	8	4	5	9	1	6	2	7
9	2	7	6	3	4	5	1	8
4	9	8	2	6	5	1	7	3
2	7	5	1	8	3	9	4	6
1	3	6	4	7	9	8	5	2
7	4	9	3	5	6	2	8	1
5	6	2	7	1	8	3	9	4
8	1	3	9	4	2	7	6	5

12

4	9	6	7	3	5	1	8	2
2	1	5	9	8	4	7	6	3
3	8	7	1	6	2	4	9	5
6	4	8	3	5	1	9	2	7
9	2	3	6	4	7	8	5	1
5	7	1	8	2	9	3	4	6
8	3	9	5	1	6	2	7	4
1	5	2	4	7	8	6	3	9
7	6	4	2	9	3	5	1	8

정답

13

7	4	1	6	3	9	2	8	5
8	2	9	5	4	1	3	6	7
5	3	6	2	8	7	4	1	9
9	5	8	3	1	4	6	7	2
6	1	3	7	2	8	5	9	4
4	7	2	9	5	6	1	3	8
1	9	7	4	6	2	8	5	3
3	6	4	8	7	5	9	2	1
2	8	5	1	9	3	7	4	6

14

9	5	7	2	8	4	6	3	1
4	1	2	6	9	3	5	8	7
3	6	8	5	7	1	2	9	4
5	4	9	1	6	2	8	7	3
8	3	6	7	4	5	1	2	9
7	2	1	8	3	9	4	5	6
6	7	5	9	1	8	3	4	2
2	9	4	3	5	6	7	1	8
1	8	3	4	2	7	9	6	5

15

5	6	1	2	3	4	9	7	8
7	2	4	8	6	9	3	1	5
9	3	8	5	7	1	4	6	2
4	1	5	7	2	8	6	3	9
2	9	6	4	1	3	8	5	7
3	8	7	9	5	6	1	2	4
8	7	3	6	4	2	5	9	1
1	5	9	3	8	7	2	4	6
6	4	2	1	9	5	7	8	3

16

6	1	4	3	5	2	9	8	7
7	3	2	9	4	8	6	5	1
5	8	9	7	6	1	3	4	2
9	4	6	1	2	7	8	3	5
1	7	5	4	8	3	2	6	9
8	2	3	5	9	6	7	1	4
2	5	7	6	3	4	1	9	8
3	9	8	2	1	5	4	7	6
4	6	1	8	7	9	5	2	3

정답

17

2	7	9	1	4	5	6	3	8
1	8	3	6	2	9	5	4	7
4	6	5	7	8	3	9	2	1
8	2	7	9	5	4	3	1	6
3	4	6	2	1	8	7	5	9
9	5	1	3	7	6	2	8	4
6	3	8	5	9	1	4	7	2
7	9	4	8	3	2	1	6	5
5	1	2	4	6	7	8	9	3

18

7	2	9	6	1	5	3	8	4
4	6	3	9	8	2	5	1	7
8	5	1	4	7	3	2	9	6
1	4	2	5	3	8	7	6	9
6	7	8	2	4	9	1	3	5
3	9	5	7	6	1	8	4	2
5	1	7	3	9	4	6	2	8
2	3	4	8	5	6	9	7	1
9	8	6	1	2	7	4	5	3

19

2	1	4	8	6	9	5	3	7
3	6	7	5	2	4	1	9	8
8	5	9	1	7	3	2	4	6
7	8	3	2	9	1	6	5	4
4	2	5	3	8	6	9	7	1
6	9	1	4	5	7	8	2	3
1	4	2	6	3	5	7	8	9
5	7	6	9	4	8	3	1	2
9	3	8	7	1	2	4	6	5

20

5	2	6	4	7	8	1	3	9
4	9	3	2	1	6	7	8	5
8	1	7	3	9	5	4	6	2
9	3	4	5	6	2	8	1	7
1	5	2	8	3	7	9	4	6
6	7	8	1	4	9	5	2	3
2	4	9	6	5	1	3	7	8
3	8	5	7	2	4	6	9	1
7	6	1	9	8	3	2	5	4

정답

21

4	7	2	6	1	5	8	9	3
8	6	1	9	3	4	5	2	7
5	3	9	8	2	7	6	1	4
7	9	3	1	5	8	4	6	2
1	4	6	2	7	9	3	8	5
2	8	5	3	4	6	9	7	1
6	2	4	7	8	3	1	5	9
3	1	8	5	9	2	7	4	6
9	5	7	4	6	1	2	3	8

22

6	8	7	4	9	5	3	2	1
3	5	4	2	1	8	6	7	9
1	2	9	6	7	3	4	5	8
2	1	5	9	8	4	7	3	6
4	6	3	1	5	7	8	9	2
9	7	8	3	2	6	5	1	4
7	9	6	8	3	2	1	4	5
5	4	1	7	6	9	2	8	3
8	3	2	5	4	1	9	6	7

23

2	9	3	7	5	8	1	6	4
7	5	1	3	6	4	2	8	9
8	6	4	2	9	1	7	5	3
6	4	8	5	3	7	9	2	1
5	3	2	8	1	9	4	7	6
1	7	9	4	2	6	8	3	5
4	2	6	1	7	3	5	9	8
3	1	5	9	8	2	6	4	7
9	8	7	6	4	5	3	1	2

24

7	8	1	2	5	3	4	6	9
5	4	2	6	8	9	7	3	1
6	9	3	1	7	4	8	5	2
1	2	4	5	9	6	3	8	7
3	6	8	4	2	7	9	1	5
9	7	5	8	3	1	6	2	4
2	5	6	7	4	8	1	9	3
8	3	7	9	1	5	2	4	6
4	1	9	3	6	2	5	7	8

정답

25

2	1	4	9	6	8	7	3	5
9	5	6	1	3	7	2	4	8
7	3	8	4	2	5	1	6	9
3	9	2	7	1	6	5	8	4
6	7	5	8	4	2	9	1	3
4	8	1	5	9	3	6	2	7
8	6	9	2	7	4	3	5	1
1	4	3	6	5	9	8	7	2
5	2	7	3	8	1	4	9	6

26

4	2	3	1	8	9	7	5	6
8	1	5	2	6	7	4	3	9
9	7	6	4	5	3	8	2	1
6	8	2	9	7	1	5	4	3
3	9	1	8	4	5	2	6	7
5	4	7	6	3	2	9	1	8
2	6	8	7	1	4	3	9	5
7	3	4	5	9	6	1	8	2
1	5	9	3	2	8	6	7	4

27

1	5	4	9	7	2	3	8	6
8	3	6	5	4	1	2	9	7
2	7	9	8	6	3	5	1	4
5	6	2	7	3	8	1	4	9
7	8	3	1	9	4	6	5	2
9	4	1	2	5	6	8	7	3
4	2	5	3	1	7	9	6	8
3	1	7	6	8	9	4	2	5
6	9	8	4	2	5	7	3	1

28

8	1	6	9	5	7	2	4	3
2	7	5	4	3	8	1	6	9
9	3	4	1	2	6	8	7	5
4	9	8	5	1	2	6	3	7
7	2	3	6	9	4	5	1	8
6	5	1	7	8	3	4	9	2
3	6	9	2	4	5	7	8	1
5	8	7	3	6	1	9	2	4
1	4	2	8	7	9	3	5	6

정답

29

1	6	3	7	2	9	4	5	8
2	4	9	6	8	5	3	1	7
5	7	8	3	1	4	9	6	2
6	8	1	2	4	3	5	7	9
3	5	7	9	6	8	2	4	1
4	9	2	1	5	7	8	3	6
9	1	4	8	3	6	7	2	5
8	2	5	4	7	1	6	9	3
7	3	6	5	9	2	1	8	4

30

8	7	1	5	4	2	3	9	6
5	3	2	9	7	6	1	8	4
9	6	4	8	3	1	7	5	2
1	9	8	3	2	7	4	6	5
3	2	5	4	6	8	9	7	1
7	4	6	1	9	5	2	3	8
6	1	9	7	8	4	5	2	3
2	5	7	6	1	3	8	4	9
4	8	3	2	5	9	6	1	7

31

8	6	7	2	4	9	1	5	3
4	2	1	3	5	8	7	6	9
5	3	9	1	7	6	8	2	4
1	7	3	4	8	2	6	9	5
6	5	2	7	9	1	3	4	8
9	4	8	5	6	3	2	7	1
7	1	5	8	2	4	9	3	6
2	8	6	9	3	5	4	1	7
3	9	4	6	1	7	5	8	2

32

6	4	7	9	5	8	3	2	1
9	1	3	6	7	2	8	5	4
5	8	2	1	3	4	9	6	7
7	9	8	2	6	1	4	3	5
2	5	4	3	8	7	1	9	6
3	6	1	4	9	5	2	7	8
4	7	5	8	2	9	6	1	3
1	3	9	7	4	6	5	8	2
8	2	6	5	1	3	7	4	9

정답

33

6	8	5	1	4	3	7	2	9
1	3	9	2	7	6	8	4	5
7	4	2	5	9	8	6	3	1
3	6	4	9	5	1	2	7	8
5	7	1	6	8	2	3	9	4
9	2	8	7	3	4	1	5	6
8	1	3	4	2	9	5	6	7
4	5	6	3	1	7	9	8	2
2	9	7	8	6	5	4	1	3

34

3	4	7	9	1	8	5	2	6
8	9	1	2	6	5	4	3	7
6	2	5	4	7	3	8	9	1
4	6	9	8	2	1	3	7	5
7	5	8	3	4	6	2	1	9
1	3	2	5	9	7	6	8	4
2	1	4	6	3	9	7	5	8
5	7	3	1	8	4	9	6	2
9	8	6	7	5	2	1	4	3

35

4	8	5	7	1	3	6	2	9
1	3	9	5	6	2	4	7	8
7	2	6	8	9	4	5	3	1
8	7	1	2	5	6	3	9	4
6	4	2	9	3	8	1	5	7
5	9	3	4	7	1	8	6	2
3	5	8	1	2	9	7	4	6
9	1	7	6	4	5	2	8	3
2	6	4	3	8	7	9	1	5

36

8	2	5	4	9	6	3	1	7
3	6	9	1	7	5	2	8	4
4	1	7	8	2	3	5	6	9
6	7	4	2	3	1	9	5	8
1	8	2	5	4	9	6	7	3
9	5	3	7	6	8	4	2	1
7	9	1	6	5	4	8	3	2
2	4	6	3	8	7	1	9	5
5	3	8	9	1	2	7	4	6

정답

37

5	2	6	7	4	3	8	1	9
1	8	7	9	6	5	3	2	4
3	9	4	2	8	1	5	6	7
2	7	3	6	5	9	1	4	8
4	5	1	8	2	7	9	3	6
8	6	9	3	1	4	7	5	2
7	4	8	1	3	6	2	9	5
6	3	2	5	9	8	4	7	1
9	1	5	4	7	2	6	8	3

38

3	1	5	8	4	2	6	7	9
4	9	2	5	7	6	1	8	3
8	7	6	3	1	9	2	5	4
7	8	1	2	9	5	4	3	6
6	4	3	7	8	1	9	2	5
5	2	9	6	3	4	7	1	8
2	5	7	4	6	3	8	9	1
1	6	8	9	5	7	3	4	2
9	3	4	1	2	8	5	6	7

39

7	3	2	6	1	9	5	4	8
6	9	4	5	8	7	2	3	1
8	1	5	2	4	3	7	9	6
9	5	6	1	3	4	8	7	2
4	8	1	7	6	2	9	5	3
3	2	7	8	9	5	6	1	4
5	6	8	4	7	1	3	2	9
2	4	9	3	5	6	1	8	7
1	7	3	9	2	8	4	6	5

40

6	9	1	3	7	5	8	2	4
4	8	3	2	9	1	6	5	7
5	2	7	4	6	8	1	9	3
3	5	4	8	2	7	9	6	1
2	7	6	9	1	4	5	3	8
9	1	8	5	3	6	7	4	2
1	4	5	6	8	3	2	7	9
7	3	9	1	5	2	4	8	6
8	6	2	7	4	9	3	1	5

정답

41

1	3	8	6	9	4	2	5	7
7	4	9	2	1	5	8	6	3
2	6	5	3	8	7	1	4	9
3	7	4	1	2	9	5	8	6
6	9	1	8	5	3	4	7	2
8	5	2	7	4	6	9	3	1
5	2	3	9	6	8	7	1	4
9	8	6	4	7	1	3	2	5
4	1	7	5	3	2	6	9	8

42

9	5	3	2	1	8	7	6	4
7	8	6	9	3	4	5	2	1
2	1	4	7	5	6	3	9	8
1	7	8	4	6	3	9	5	2
3	6	5	1	2	9	4	8	7
4	9	2	8	7	5	6	1	3
6	4	9	3	8	2	1	7	5
8	3	1	5	9	7	2	4	6
5	2	7	6	4	1	8	3	9

43

3	5	9	7	6	1	4	2	8
8	6	7	4	9	2	5	1	3
1	2	4	8	5	3	9	7	6
9	8	5	3	2	7	6	4	1
4	1	3	5	8	6	7	9	2
2	7	6	1	4	9	8	3	5
6	3	1	9	7	8	2	5	4
7	4	8	2	3	5	1	6	9
5	9	2	6	1	4	3	8	7

44

5	7	4	6	9	2	3	1	8
3	9	1	8	4	5	7	6	2
8	6	2	3	1	7	9	5	4
2	1	9	7	6	8	4	3	5
6	8	5	4	3	1	2	7	9
4	3	7	2	5	9	1	8	6
7	2	3	9	8	6	5	4	1
9	5	6	1	7	4	8	2	3
1	4	8	5	2	3	6	9	7

정답

45

2	1	5	7	6	9	4	8	3
4	8	7	5	3	2	1	9	6
3	6	9	4	1	8	5	2	7
8	9	1	3	4	5	7	6	2
6	4	3	1	2	7	9	5	8
7	5	2	9	8	6	3	4	1
1	3	6	2	9	4	8	7	5
9	7	8	6	5	3	2	1	4
5	2	4	8	7	1	6	3	9

46

6	8	4	5	1	7	3	9	2
5	9	3	6	2	8	7	4	1
1	7	2	3	9	4	5	6	8
3	1	7	9	8	5	4	2	6
8	2	5	4	7	6	9	1	3
4	6	9	1	3	2	8	7	5
2	4	6	7	5	3	1	8	9
9	3	8	2	4	1	6	5	7
7	5	1	8	6	9	2	3	4

47

9	4	8	6	5	2	1	7	3
1	2	3	7	8	9	5	6	4
7	5	6	1	4	3	8	2	9
2	8	1	5	9	4	7	3	6
3	9	5	8	7	6	2	4	1
6	7	4	3	2	1	9	8	5
8	3	9	4	1	7	6	5	2
4	1	7	2	6	5	3	9	8
5	6	2	9	3	8	4	1	7

48

9	4	5	1	8	3	7	6	2
1	8	7	4	6	2	3	5	9
6	2	3	5	9	7	4	1	8
3	6	4	8	7	1	2	9	5
7	1	2	6	5	9	8	3	4
5	9	8	3	2	4	6	7	1
8	5	9	2	3	6	1	4	7
4	7	6	9	1	8	5	2	3
2	3	1	7	4	5	9	8	6

정답

49

8	3	7	9	2	1	6	5	4
6	4	9	5	8	7	3	2	1
1	2	5	4	6	3	8	7	9
5	8	4	1	7	6	2	9	3
3	7	2	8	9	5	1	4	6
9	6	1	2	3	4	7	8	5
2	1	8	3	5	9	4	6	7
4	5	6	7	1	8	9	3	2
7	9	3	6	4	2	5	1	8

50

3	5	1	9	7	2	4	6	8
6	4	8	1	3	5	7	9	2
9	7	2	8	6	4	1	5	3
4	8	7	5	1	6	2	3	9
2	1	6	7	9	3	8	4	5
5	3	9	4	2	8	6	7	1
8	2	4	6	5	9	3	1	7
7	9	3	2	4	1	5	8	6
1	6	5	3	8	7	9	2	4

51

2	5	7	8	9	3	4	1	6
6	9	8	1	4	7	2	5	3
1	3	4	5	2	6	8	9	7
8	1	9	7	6	4	3	2	5
4	7	5	3	1	2	6	8	9
3	6	2	9	8	5	7	4	1
9	2	1	6	7	8	5	3	4
7	8	3	4	5	1	9	6	2
5	4	6	2	3	9	1	7	8

52

7	8	4	1	6	5	3	2	9
5	9	3	2	4	7	6	8	1
2	6	1	8	3	9	5	4	7
6	3	9	4	5	1	2	7	8
1	5	7	9	2	8	4	3	6
8	4	2	3	7	6	1	9	5
4	1	6	7	9	3	8	5	2
3	7	5	6	8	2	9	1	4
9	2	8	5	1	4	7	6	3

정답

53

9	1	3	4	6	8	5	2	7
6	4	8	7	2	5	1	3	9
2	5	7	3	1	9	4	6	8
5	8	4	6	3	2	7	9	1
7	3	9	8	5	1	6	4	2
1	6	2	9	4	7	8	5	3
8	9	5	2	7	6	3	1	4
3	2	1	5	8	4	9	7	6
4	7	6	1	9	3	2	8	5

54

5	7	2	3	1	4	6	9	8
3	1	9	2	8	6	4	7	5
4	6	8	5	7	9	2	1	3
2	9	6	8	3	5	1	4	7
1	3	4	7	6	2	8	5	9
7	8	5	4	9	1	3	2	6
8	5	1	6	4	7	9	3	2
9	2	3	1	5	8	7	6	4
6	4	7	9	2	3	5	8	1

55

1	6	8	2	3	4	5	7	9
3	9	2	6	7	5	1	8	4
5	4	7	1	9	8	2	3	6
6	7	9	3	5	2	4	1	8
8	5	3	9	4	1	7	6	2
4	2	1	7	8	6	9	5	3
7	3	4	8	1	9	6	2	5
2	8	5	4	6	7	3	9	1
9	1	6	5	2	3	8	4	7

56

4	9	5	8	7	3	1	6	2
2	8	1	9	6	4	7	3	5
3	7	6	5	2	1	4	8	9
5	2	7	3	4	9	6	1	8
9	4	8	6	1	7	2	5	3
6	1	3	2	8	5	9	7	4
8	6	9	7	3	2	5	4	1
1	3	2	4	5	6	8	9	7
7	5	4	1	9	8	3	2	6

정답

57

8	6	4	1	3	5	9	2	7
3	5	1	2	7	9	4	6	8
7	2	9	6	8	4	1	5	3
4	9	6	8	1	7	2	3	5
2	1	7	3	5	6	8	9	4
5	8	3	4	9	2	6	7	1
9	3	2	7	4	1	5	8	6
1	7	5	9	6	8	3	4	2
6	4	8	5	2	3	7	1	9

58

7	4	9	1	2	6	3	5	8
3	1	8	9	5	7	4	6	2
6	2	5	4	8	3	9	7	1
4	5	3	8	9	2	7	1	6
1	8	6	3	7	5	2	4	9
2	9	7	6	4	1	8	3	5
5	3	2	7	1	8	6	9	4
9	7	1	2	6	4	5	8	3
8	6	4	5	3	9	1	2	7

59

8	1	5	6	9	3	4	2	7
6	2	9	4	7	1	8	5	3
7	3	4	2	8	5	1	6	9
4	5	3	9	1	6	7	8	2
1	6	7	8	5	2	3	9	4
9	8	2	3	4	7	6	1	5
3	7	1	5	6	9	2	4	8
2	9	8	1	3	4	5	7	6
5	4	6	7	2	8	9	3	1

60

3	4	8	6	5	9	7	2	1
2	6	9	3	7	1	4	5	8
5	7	1	8	4	2	6	3	9
1	2	6	7	3	4	9	8	5
9	8	7	2	1	5	3	4	6
4	5	3	9	8	6	1	7	2
6	9	4	5	2	3	8	1	7
8	3	2	1	6	7	5	9	4
7	1	5	4	9	8	2	6	3

정답

61

3	5	6	4	1	9	8	7	2
9	7	8	2	6	3	1	5	4
1	4	2	8	5	7	3	6	9
4	9	5	3	8	1	6	2	7
2	1	7	6	9	4	5	8	3
6	8	3	7	2	5	4	9	1
8	6	1	9	4	2	7	3	5
7	2	4	5	3	8	9	1	6
5	3	9	1	7	6	2	4	8

62

6	3	4	8	5	1	7	9	2
2	9	8	3	7	4	5	1	6
1	7	5	6	9	2	8	3	4
3	6	9	5	4	8	2	7	1
4	8	1	7	2	6	9	5	3
5	2	7	9	1	3	4	6	8
9	1	2	4	6	5	3	8	7
8	5	6	2	3	7	1	4	9
7	4	3	1	8	9	6	2	5

63

4	3	1	6	5	7	9	2	8
7	9	8	4	3	2	5	6	1
5	2	6	9	1	8	4	7	3
6	7	9	1	4	3	2	8	5
2	1	4	8	7	5	6	3	9
8	5	3	2	6	9	1	4	7
9	6	5	3	8	4	7	1	2
3	4	2	7	9	1	8	5	6
1	8	7	5	2	6	3	9	4

64

3	4	6	1	5	8	2	7	9
8	9	5	2	6	7	3	4	1
2	1	7	3	9	4	6	5	8
6	5	4	9	2	1	7	8	3
9	8	1	7	3	6	4	2	5
7	3	2	4	8	5	9	1	6
1	6	3	5	7	2	8	9	4
5	2	9	8	4	3	1	6	7
4	7	8	6	1	9	5	3	2

정답

65

7	4	2	6	3	5	8	9	1
1	6	5	9	7	8	4	3	2
8	9	3	2	1	4	6	5	7
5	7	6	1	8	9	2	4	3
4	2	8	7	5	3	1	6	9
9	3	1	4	2	6	7	8	5
2	8	4	3	9	1	5	7	6
6	1	9	5	4	7	3	2	8
3	5	7	8	6	2	9	1	4

66

7	3	2	5	6	9	4	8	1
4	1	6	8	7	3	9	5	2
8	9	5	2	1	4	7	6	3
3	5	9	1	8	2	6	4	7
1	7	8	9	4	6	2	3	5
6	2	4	3	5	7	8	1	9
2	8	7	4	3	1	5	9	6
9	4	3	6	2	5	1	7	8
5	6	1	7	9	8	3	2	4

67

8	7	1	3	5	6	9	2	4
2	5	4	1	8	9	6	7	3
3	9	6	4	7	2	1	5	8
4	8	5	7	9	1	3	6	2
9	1	7	6	2	3	8	4	5
6	3	2	5	4	8	7	9	1
1	4	3	9	6	5	2	8	7
7	6	8	2	1	4	5	3	9
5	2	9	8	3	7	4	1	6

68

2	5	7	8	6	9	3	4	1
9	8	3	7	1	4	6	2	5
6	4	1	3	5	2	7	8	9
3	7	4	2	9	1	8	5	6
8	2	9	5	7	6	1	3	4
1	6	5	4	3	8	2	9	7
5	1	8	6	4	3	9	7	2
7	9	2	1	8	5	4	6	3
4	3	6	9	2	7	5	1	8

정답

69

8	7	2	9	4	3	5	1	6
4	9	1	6	5	8	7	2	3
3	6	5	7	2	1	4	8	9
6	3	4	5	8	2	9	7	1
5	2	7	1	6	9	3	4	8
1	8	9	4	3	7	6	5	2
9	5	6	2	1	4	8	3	7
7	1	3	8	9	5	2	6	4
2	4	8	3	7	6	1	9	5

70

7	5	3	4	2	9	1	6	8
4	9	1	7	6	8	5	3	2
6	2	8	3	1	5	9	7	4
2	3	9	5	7	6	4	8	1
1	7	4	9	8	3	6	2	5
5	8	6	1	4	2	3	9	7
8	1	5	6	9	7	2	4	3
9	4	2	8	3	1	7	5	6
3	6	7	2	5	4	8	1	9

71

3	7	5	6	4	1	2	8	9
8	4	6	7	9	2	3	1	5
1	9	2	8	5	3	6	7	4
6	5	4	9	2	7	8	3	1
7	3	9	1	8	5	4	6	2
2	8	1	3	6	4	5	9	7
9	2	3	4	7	8	1	5	6
4	1	7	5	3	6	9	2	8
5	6	8	2	1	9	7	4	3

72

5	1	2	8	7	3	6	4	9
7	6	3	9	2	4	5	8	1
9	4	8	1	6	5	3	7	2
1	9	6	7	5	2	8	3	4
8	5	4	3	1	6	9	2	7
2	3	7	4	8	9	1	5	6
3	8	1	2	9	7	4	6	5
6	7	9	5	4	8	2	1	3
4	2	5	6	3	1	7	9	8

정답

73

9	3	5	1	4	6	2	7	8
1	4	8	5	2	7	9	6	3
2	7	6	3	9	8	5	4	1
7	8	1	4	3	2	6	5	9
4	9	3	6	1	5	8	2	7
5	6	2	7	8	9	1	3	4
6	5	9	8	7	4	3	1	2
8	1	7	2	6	3	4	9	5
3	2	4	9	5	1	7	8	6

74

3	1	2	5	6	4	7	9	8
5	7	9	8	2	3	4	1	6
4	8	6	1	7	9	3	2	5
7	6	4	9	1	5	8	3	2
1	2	3	6	4	8	5	7	9
9	5	8	7	3	2	6	4	1
2	3	5	4	9	6	1	8	7
8	9	1	3	5	7	2	6	4
6	4	7	2	8	1	9	5	3

75

1	6	9	5	2	8	4	7	3
4	8	2	3	6	7	1	5	9
7	5	3	1	9	4	6	2	8
2	4	1	8	7	9	5	3	6
9	3	8	4	5	6	2	1	7
6	7	5	2	1	3	8	9	4
3	1	4	9	8	2	7	6	5
5	9	7	6	4	1	3	8	2
8	2	6	7	3	5	9	4	1

76

9	4	8	5	3	6	1	7	2
1	5	3	2	7	9	4	6	8
7	6	2	4	8	1	3	5	9
5	8	1	9	2	3	7	4	6
3	9	4	6	1	7	8	2	5
6	2	7	8	5	4	9	3	1
4	7	9	1	6	5	2	8	3
2	3	5	7	9	8	6	1	4
8	1	6	3	4	2	5	9	7

정답

77

1	3	7	2	9	6	8	5	4
6	2	4	5	7	8	3	1	9
8	5	9	3	4	1	6	2	7
4	9	6	7	8	2	1	3	5
5	8	1	6	3	4	7	9	2
2	7	3	9	1	5	4	6	8
7	6	2	4	5	3	9	8	1
9	1	5	8	6	7	2	4	3
3	4	8	1	2	9	5	7	6

78

6	3	1	8	4	9	7	2	5
9	2	5	6	3	7	4	1	8
7	4	8	5	1	2	3	6	9
1	7	4	3	2	8	5	9	6
8	9	3	1	5	6	2	7	4
5	6	2	7	9	4	1	8	3
2	1	9	4	6	3	8	5	7
4	5	7	9	8	1	6	3	2
3	8	6	2	7	5	9	4	1

79

7	3	2	1	4	5	9	8	6
9	8	1	7	2	6	5	3	4
5	6	4	8	9	3	1	2	7
2	5	9	6	3	4	7	1	8
8	4	3	2	7	1	6	9	5
1	7	6	9	5	8	2	4	3
4	1	8	5	6	2	3	7	9
6	2	7	3	8	9	4	5	1
3	9	5	4	1	7	8	6	2

80

6	4	8	5	1	2	7	3	9
1	5	2	3	7	9	8	4	6
9	3	7	4	6	8	5	1	2
4	7	1	8	9	3	2	6	5
3	8	9	6	2	5	1	7	4
5	2	6	7	4	1	9	8	3
2	9	4	1	8	6	3	5	7
7	1	5	9	3	4	6	2	8
8	6	3	2	5	7	4	9	1

정답

81

9	5	1	8	3	2	7	4	6
8	6	7	1	5	4	2	3	9
3	4	2	6	9	7	5	8	1
5	3	4	9	1	8	6	7	2
7	9	6	2	4	3	1	5	8
1	2	8	7	6	5	4	9	3
4	8	9	5	2	1	3	6	7
6	1	3	4	7	9	8	2	5
2	7	5	3	8	6	9	1	4

82

5	6	1	9	4	3	2	8	7
3	9	2	1	7	8	5	4	6
7	8	4	5	6	2	3	9	1
9	3	6	8	2	5	1	7	4
2	4	7	3	1	6	9	5	8
1	5	8	7	9	4	6	3	2
8	2	3	4	5	1	7	6	9
4	1	9	6	3	7	8	2	5
6	7	5	2	8	9	4	1	3

83

6	2	9	4	8	1	3	5	7
4	8	7	5	9	3	6	2	1
5	3	1	6	7	2	9	8	4
1	7	5	2	4	9	8	3	6
8	6	3	7	1	5	2	4	9
9	4	2	3	6	8	1	7	5
7	9	4	8	3	6	5	1	2
3	5	6	1	2	7	4	9	8
2	1	8	9	5	4	7	6	3

84

7	5	3	8	9	2	4	1	6
4	9	1	3	5	6	8	7	2
2	6	8	4	1	7	3	9	5
5	3	4	2	7	8	1	6	9
9	1	7	5	6	3	2	8	4
8	2	6	9	4	1	5	3	7
6	4	5	1	8	9	7	2	3
1	7	2	6	3	5	9	4	8
3	8	9	7	2	4	6	5	1

정답

85

6	3	5	8	7	1	9	2	4
1	2	4	9	6	5	3	8	7
7	9	8	3	2	4	1	5	6
5	6	2	1	4	3	8	7	9
8	1	7	6	5	9	2	4	3
3	4	9	2	8	7	5	6	1
4	5	3	7	9	8	6	1	2
9	7	6	5	1	2	4	3	8
2	8	1	4	3	6	7	9	5

86

5	3	8	9	1	2	7	6	4
6	1	7	4	5	8	9	3	2
2	9	4	7	6	3	5	8	1
4	6	1	8	2	9	3	5	7
3	7	9	5	4	1	6	2	8
8	2	5	3	7	6	4	1	9
9	8	6	1	3	7	2	4	5
7	5	2	6	8	4	1	9	3
1	4	3	2	9	5	8	7	6

87

5	2	9	7	6	1	8	3	4
3	4	6	8	2	5	1	7	9
7	8	1	4	9	3	2	5	6
4	9	5	3	7	2	6	8	1
8	6	3	1	4	9	7	2	5
2	1	7	5	8	6	4	9	3
6	7	2	9	5	4	3	1	8
9	3	8	6	1	7	5	4	2
1	5	4	2	3	8	9	6	7

88

9	7	1	6	5	3	2	8	4
8	6	2	1	9	4	5	7	3
4	3	5	7	8	2	6	1	9
3	2	8	5	7	1	9	4	6
6	4	9	3	2	8	7	5	1
1	5	7	4	6	9	8	3	2
7	8	3	9	1	6	4	2	5
5	1	6	2	4	7	3	9	8
2	9	4	8	3	5	1	6	7

정답

89

3	6	8	2	1	7	9	5	4
2	7	9	4	5	3	8	6	1
4	1	5	8	9	6	7	2	3
1	4	6	5	3	8	2	9	7
8	3	2	1	7	9	5	4	6
5	9	7	6	4	2	3	1	8
6	5	3	7	2	1	4	8	9
9	2	1	3	8	4	6	7	5
7	8	4	9	6	5	1	3	2

90

1	3	8	5	9	4	2	7	6
7	4	6	8	1	2	3	5	9
2	5	9	7	6	3	1	8	4
8	1	4	6	7	9	5	2	3
5	6	2	3	4	1	8	9	7
3	9	7	2	8	5	4	6	1
9	8	3	4	5	6	7	1	2
6	2	5	1	3	7	9	4	8
4	7	1	9	2	8	6	3	5

91

2	8	1	5	6	7	3	9	4
7	4	3	8	2	9	1	5	6
5	9	6	1	3	4	2	8	7
1	6	2	3	9	8	7	4	5
4	3	9	2	7	5	6	1	8
8	5	7	4	1	6	9	2	3
9	1	5	6	8	3	4	7	2
6	2	8	7	4	1	5	3	9
3	7	4	9	5	2	8	6	1

92

4	5	9	8	2	6	3	1	7
6	8	7	4	3	1	5	2	9
1	3	2	5	9	7	4	6	8
3	6	4	1	7	2	8	9	5
7	1	8	3	5	9	2	4	6
2	9	5	6	4	8	1	7	3
8	4	6	9	1	3	7	5	2
5	7	3	2	6	4	9	8	1
9	2	1	7	8	5	6	3	4

정답

93

5	9	3	4	2	7	8	6	1
4	7	1	9	6	8	5	2	3
2	8	6	1	5	3	4	9	7
7	2	8	6	1	5	3	4	9
6	4	5	8	3	9	1	7	2
3	1	9	7	4	2	6	8	5
9	5	7	3	8	6	2	1	4
1	6	2	5	7	4	9	3	8
8	3	4	2	9	1	7	5	6

94

8	7	3	5	9	6	4	1	2
4	9	1	8	7	2	3	5	6
5	6	2	4	3	1	8	9	7
6	1	9	2	5	3	7	4	8
3	8	7	6	4	9	1	2	5
2	5	4	7	1	8	9	6	3
9	4	6	3	8	5	2	7	1
1	3	5	9	2	7	6	8	4
7	2	8	1	6	4	5	3	9

95

2	4	1	7	9	5	6	3	8
8	9	6	2	4	3	7	1	5
7	3	5	1	8	6	9	2	4
1	7	8	9	3	4	2	5	6
6	2	9	5	7	1	8	4	3
4	5	3	8	6	2	1	7	9
5	1	4	6	2	8	3	9	7
3	6	7	4	1	9	5	8	2
9	8	2	3	5	7	4	6	1

96

8	3	6	1	2	9	7	4	5
9	1	7	5	4	6	3	2	8
5	4	2	7	3	8	9	6	1
1	7	9	4	8	5	6	3	2
4	8	3	9	6	2	5	1	7
6	2	5	3	7	1	4	8	9
7	6	1	2	5	3	8	9	4
2	5	8	6	9	4	1	7	3
3	9	4	8	1	7	2	5	6

정답

97

7	5	1	8	2	3	4	6	9
9	4	8	6	1	5	2	7	3
6	2	3	9	7	4	5	1	8
4	6	9	3	8	2	7	5	1
1	3	5	7	4	6	9	8	2
2	8	7	5	9	1	3	4	6
5	1	4	2	3	8	6	9	7
8	9	2	4	6	7	1	3	5
3	7	6	1	5	9	8	2	4

98

4	5	2	6	3	8	1	7	9
8	9	3	1	7	5	2	4	6
6	7	1	4	2	9	3	5	8
1	3	5	7	8	4	9	6	2
9	6	7	2	5	3	4	8	1
2	8	4	9	6	1	5	3	7
5	4	6	8	1	2	7	9	3
3	2	8	5	9	7	6	1	4
7	1	9	3	4	6	8	2	5

99

8	6	1	2	3	7	5	9	4
5	7	4	8	9	6	2	1	3
2	9	3	4	5	1	6	8	7
1	2	5	7	6	3	8	4	9
4	8	7	5	2	9	1	3	6
6	3	9	1	4	8	7	5	2
9	5	2	6	8	4	3	7	1
3	1	6	9	7	5	4	2	8
7	4	8	3	1	2	9	6	5

100

3	6	9	4	7	2	8	1	5
8	5	1	9	3	6	2	4	7
7	4	2	1	5	8	6	9	3
9	2	8	5	1	7	4	3	6
5	1	4	6	9	3	7	8	2
6	3	7	2	8	4	1	5	9
4	9	6	8	2	5	3	7	1
2	7	5	3	4	1	9	6	8
1	8	3	7	6	9	5	2	4

정답

101

6	7	9	2	5	3	4	1	8
5	4	3	1	7	8	6	2	9
1	2	8	6	9	4	3	5	7
4	3	2	9	1	5	8	7	6
8	5	1	4	6	7	9	3	2
9	6	7	3	8	2	1	4	5
7	9	6	5	4	1	2	8	3
2	8	4	7	3	9	5	6	1
3	1	5	8	2	6	7	9	4

102

2	8	9	1	7	4	6	3	5
6	1	3	5	8	9	2	4	7
5	7	4	6	3	2	8	9	1
3	2	6	4	9	5	7	1	8
4	5	7	3	1	8	9	2	6
8	9	1	7	2	6	3	5	4
7	6	2	9	5	1	4	8	3
1	3	8	2	4	7	5	6	9
9	4	5	8	6	3	1	7	2

103

6	5	2	4	9	8	3	1	7
4	8	3	1	2	7	5	6	9
9	1	7	6	3	5	2	8	4
1	7	6	8	5	3	9	4	2
5	3	4	2	6	9	8	7	1
2	9	8	7	1	4	6	3	5
8	6	9	5	7	1	4	2	3
7	4	5	3	8	2	1	9	6
3	2	1	9	4	6	7	5	8

104

5	7	1	2	4	3	8	6	9
9	2	4	6	5	8	1	3	7
3	6	8	7	9	1	5	2	4
2	1	7	9	8	5	3	4	6
4	3	9	1	7	6	2	8	5
6	8	5	3	2	4	9	7	1
8	9	2	4	1	7	6	5	3
7	5	3	8	6	9	4	1	2
1	4	6	5	3	2	7	9	8

정답

105

4	3	5	2	1	6	7	8	9
8	6	7	4	9	5	1	2	3
9	2	1	8	7	3	6	4	5
1	4	9	7	3	2	8	5	6
2	5	6	1	4	8	3	9	7
7	8	3	6	5	9	4	1	2
5	9	4	3	6	1	2	7	8
3	7	8	5	2	4	9	6	1
6	1	2	9	8	7	5	3	4

106

3	7	4	6	1	9	8	5	2
5	9	2	8	3	4	1	7	6
6	8	1	2	7	5	9	4	3
9	1	6	5	2	7	4	3	8
7	5	8	4	9	3	6	2	1
2	4	3	1	8	6	7	9	5
8	6	9	7	5	2	3	1	4
4	3	5	9	6	1	2	8	7
1	2	7	3	4	8	5	6	9

107

2	3	4	7	6	8	1	5	9
8	5	7	3	1	9	2	6	4
9	1	6	2	5	4	3	7	8
1	2	8	4	3	7	6	9	5
7	6	5	8	9	1	4	2	3
3	4	9	5	2	6	8	1	7
5	8	2	1	7	3	9	4	6
4	9	1	6	8	5	7	3	2
6	7	3	9	4	2	5	8	1

108

1	7	3	9	2	6	5	4	8
2	5	8	4	1	3	7	9	6
4	9	6	5	8	7	1	2	3
7	6	2	3	4	8	9	5	1
5	3	9	2	7	1	6	8	4
8	4	1	6	5	9	2	3	7
9	8	4	1	6	2	3	7	5
3	1	7	8	9	5	4	6	2
6	2	5	7	3	4	8	1	9

정답

109

1	8	6	4	2	9	5	3	7
9	5	2	1	7	3	8	4	6
4	3	7	5	6	8	2	1	9
6	4	3	7	1	2	9	8	5
8	1	9	3	5	6	4	7	2
2	7	5	8	9	4	1	6	3
7	2	8	9	3	1	6	5	4
3	6	4	2	8	5	7	9	1
5	9	1	6	4	7	3	2	8

110

1	9	8	7	4	2	6	3	5
5	7	2	6	1	3	9	4	8
6	4	3	5	9	8	1	2	7
2	1	7	9	3	4	5	8	6
3	6	4	1	8	5	7	9	2
8	5	9	2	7	6	4	1	3
7	2	1	3	5	9	8	6	4
4	3	5	8	6	1	2	7	9
9	8	6	4	2	7	3	5	1

111

8	7	6	2	3	1	9	4	5
1	9	2	5	4	8	6	3	7
5	4	3	6	9	7	1	8	2
7	3	8	9	2	4	5	1	6
2	5	4	7	1	6	3	9	8
9	6	1	8	5	3	2	7	4
3	1	7	4	6	5	8	2	9
4	2	5	1	8	9	7	6	3
6	8	9	3	7	2	4	5	1

112

9	7	3	8	4	6	1	5	2
2	1	8	3	5	7	9	6	4
4	6	5	9	2	1	8	3	7
7	5	4	1	3	2	6	9	8
8	2	1	6	9	4	3	7	5
3	9	6	7	8	5	2	4	1
6	8	2	4	7	3	5	1	9
5	3	7	2	1	9	4	8	6
1	4	9	5	6	8	7	2	3

정답

113

6	5	2	8	1	4	9	3	7
3	4	9	7	6	2	1	5	8
8	1	7	5	9	3	4	6	2
1	2	6	4	3	5	7	8	9
9	8	3	1	7	6	2	4	5
5	7	4	9	2	8	3	1	6
7	3	8	2	5	1	6	9	4
4	9	1	6	8	7	5	2	3
2	6	5	3	4	9	8	7	1

114

3	2	9	6	1	4	7	8	5
7	6	1	3	8	5	2	4	9
4	8	5	2	9	7	1	3	6
2	9	4	5	7	3	6	1	8
8	7	3	9	6	1	4	5	2
1	5	6	4	2	8	9	7	3
6	4	8	7	5	2	3	9	1
9	1	7	8	3	6	5	2	4
5	3	2	1	4	9	8	6	7

115

4	5	9	7	6	8	3	1	2
1	6	3	2	4	9	5	8	7
8	7	2	3	1	5	9	4	6
7	8	5	1	9	3	6	2	4
9	3	6	4	7	2	1	5	8
2	1	4	8	5	6	7	3	9
3	2	7	6	8	1	4	9	5
5	4	8	9	3	7	2	6	1
6	9	1	5	2	4	8	7	3

116

4	5	8	3	6	1	7	9	2
6	3	2	8	9	7	1	5	4
1	7	9	5	2	4	6	8	3
7	9	6	2	4	5	8	3	1
3	2	1	6	7	8	9	4	5
5	8	4	9	1	3	2	7	6
8	6	3	7	5	2	4	1	9
9	1	5	4	8	6	3	2	7
2	4	7	1	3	9	5	6	8

정답

117

3	2	7	9	8	4	5	6	1
5	9	4	3	6	1	8	2	7
1	8	6	5	7	2	4	3	9
7	4	5	1	3	9	6	8	2
2	6	9	4	5	8	1	7	3
8	1	3	7	2	6	9	4	5
9	5	2	8	4	3	7	1	6
4	3	1	6	9	7	2	5	8
6	7	8	2	1	5	3	9	4

118

9	5	6	2	8	4	1	7	3
1	8	7	9	3	5	4	2	6
4	3	2	6	1	7	5	8	9
3	6	9	4	7	1	8	5	2
2	7	8	5	9	3	6	4	1
5	1	4	8	6	2	3	9	7
8	2	3	1	5	9	7	6	4
7	9	5	3	4	6	2	1	8
6	4	1	7	2	8	9	3	5

119

5	6	9	4	8	2	7	3	1
4	1	2	5	3	7	6	8	9
8	3	7	1	6	9	2	4	5
1	7	8	9	5	4	3	6	2
3	5	4	2	7	6	9	1	8
9	2	6	3	1	8	4	5	7
2	9	5	8	4	3	1	7	6
7	4	1	6	9	5	8	2	3
6	8	3	7	2	1	5	9	4

120

6	5	7	2	9	8	4	3	1
8	1	3	7	4	6	2	5	9
2	4	9	3	1	5	7	6	8
1	6	5	9	8	4	3	2	7
3	9	4	5	7	2	8	1	6
7	8	2	1	6	3	5	9	4
5	7	1	8	2	9	6	4	3
9	3	6	4	5	7	1	8	2
4	2	8	6	3	1	9	7	5

정답

121

9	8	6	5	7	2	4	1	3
7	2	5	1	4	3	9	6	8
1	3	4	6	8	9	5	7	2
4	6	2	3	1	7	8	5	9
8	9	7	2	5	6	3	4	1
5	1	3	4	9	8	7	2	6
6	7	8	9	2	5	1	3	4
2	5	1	8	3	4	6	9	7
3	4	9	7	6	1	2	8	5

122

1	4	8	3	7	6	2	9	5
9	3	5	1	2	8	4	7	6
6	7	2	4	9	5	3	8	1
8	2	7	6	3	9	5	1	4
3	5	1	8	4	7	6	2	9
4	9	6	2	5	1	8	3	7
2	6	9	5	1	3	7	4	8
5	1	3	7	8	4	9	6	2
7	8	4	9	6	2	1	5	3

123

6	4	5	7	3	2	1	8	9
1	7	9	4	5	8	2	6	3
2	3	8	1	6	9	4	7	5
7	1	6	9	4	5	3	2	8
8	9	3	2	1	6	5	4	7
5	2	4	3	8	7	6	9	1
3	6	1	8	9	4	7	5	2
9	5	7	6	2	1	8	3	4
4	8	2	5	7	3	9	1	6

124

1	4	2	6	9	8	7	5	3
6	9	3	7	5	1	2	4	8
8	7	5	2	4	3	1	6	9
2	8	4	5	3	7	6	9	1
3	5	6	9	1	2	8	7	4
9	1	7	4	8	6	3	2	5
7	3	9	1	2	4	5	8	6
4	2	1	8	6	5	9	3	7
5	6	8	3	7	9	4	1	2

정답

125

7	8	4	1	9	3	2	6	5
5	9	3	2	8	6	7	1	4
6	2	1	5	7	4	9	3	8
9	7	8	6	1	5	3	4	2
4	1	2	8	3	7	6	5	9
3	5	6	4	2	9	1	8	7
2	3	5	9	4	1	8	7	6
8	4	7	3	6	2	5	9	1
1	6	9	7	5	8	4	2	3

126

2	7	3	9	8	1	6	5	4
1	9	6	5	3	4	2	7	8
5	8	4	2	6	7	3	9	1
9	5	7	3	1	2	4	8	6
6	4	1	7	9	8	5	2	3
3	2	8	6	4	5	9	1	7
4	1	5	8	2	3	7	6	9
7	3	9	1	5	6	8	4	2
8	6	2	4	7	9	1	3	5

127

7	6	9	8	3	2	4	1	5
5	8	2	4	7	1	3	6	9
4	1	3	9	6	5	8	7	2
2	5	6	7	1	4	9	3	8
3	4	1	2	9	8	6	5	7
9	7	8	3	5	6	2	4	1
6	9	7	1	2	3	5	8	4
8	2	5	6	4	7	1	9	3
1	3	4	5	8	9	7	2	6

128

2	4	1	5	6	3	8	7	9
7	9	3	1	2	8	6	5	4
6	8	5	7	4	9	2	3	1
4	1	2	6	3	7	9	8	5
8	5	7	9	1	4	3	2	6
9	3	6	8	5	2	1	4	7
5	2	9	4	8	6	7	1	3
1	6	8	3	7	5	4	9	2
3	7	4	2	9	1	5	6	8

정답

129

1	7	4	6	2	5	8	9	3
8	3	5	4	1	9	2	6	7
9	6	2	7	8	3	4	1	5
5	8	6	9	4	7	1	3	2
4	1	7	3	6	2	9	5	8
3	2	9	1	5	8	6	7	4
2	9	8	5	7	1	3	4	6
7	4	3	8	9	6	5	2	1
6	5	1	2	3	4	7	8	9

130

2	5	7	8	4	6	1	3	9
9	8	1	3	2	7	4	5	6
4	6	3	5	9	1	2	8	7
8	4	2	1	6	5	9	7	3
1	3	5	9	7	8	6	2	4
7	9	6	4	3	2	5	1	8
3	2	9	7	1	4	8	6	5
5	1	4	6	8	3	7	9	2
6	7	8	2	5	9	3	4	1

131

3	7	5	6	1	8	2	4	9
1	2	6	4	7	9	8	5	3
9	4	8	3	5	2	1	6	7
7	3	9	8	2	6	4	1	5
6	1	4	5	3	7	9	2	8
5	8	2	9	4	1	3	7	6
4	6	3	2	8	5	7	9	1
2	5	1	7	9	3	6	8	4
8	9	7	1	6	4	5	3	2

132

1	4	5	6	9	3	8	7	2
6	9	3	2	8	7	4	5	1
7	8	2	5	4	1	9	3	6
8	2	9	4	5	6	7	1	3
5	7	6	3	1	8	2	4	9
4	3	1	7	2	9	5	6	8
3	1	4	9	7	2	6	8	5
9	5	8	1	6	4	3	2	7
2	6	7	8	3	5	1	9	4

정답

133

4	3	5	7	9	1	2	6	8
6	2	1	3	5	8	9	7	4
9	7	8	2	4	6	5	3	1
1	8	3	5	6	9	4	2	7
2	9	6	4	3	7	1	8	5
5	4	7	8	1	2	3	9	6
8	6	9	1	2	5	7	4	3
3	1	2	6	7	4	8	5	9
7	5	4	9	8	3	6	1	2

134

5	7	3	8	6	4	1	9	2
4	6	1	9	7	2	3	5	8
2	8	9	3	5	1	4	7	6
3	5	4	6	1	9	2	8	7
8	9	7	2	3	5	6	4	1
1	2	6	4	8	7	9	3	5
7	4	2	5	9	6	8	1	3
9	1	8	7	2	3	5	6	4
6	3	5	1	4	8	7	2	9

135

5	4	2	3	6	7	9	8	1
3	9	7	8	1	2	5	4	6
6	8	1	4	9	5	2	7	3
8	5	6	9	4	1	3	2	7
4	1	9	2	7	3	8	6	5
2	7	3	6	5	8	4	1	9
9	6	8	1	3	4	7	5	2
1	2	5	7	8	9	6	3	4
7	3	4	5	2	6	1	9	8

136

8	2	3	5	4	1	9	6	7
9	1	7	6	3	8	2	5	4
5	6	4	7	9	2	3	8	1
1	9	6	2	8	5	4	7	3
7	4	2	1	6	3	8	9	5
3	5	8	9	7	4	6	1	2
4	7	1	8	2	6	5	3	9
6	3	9	4	5	7	1	2	8
2	8	5	3	1	9	7	4	6

정답

137

5	6	2	9	4	1	3	8	7
7	3	9	8	5	2	1	6	4
8	4	1	7	6	3	5	9	2
1	7	3	2	9	4	6	5	8
9	5	4	6	3	8	7	2	1
2	8	6	5	1	7	4	3	9
3	9	7	1	8	6	2	4	5
6	1	8	4	2	5	9	7	3
4	2	5	3	7	9	8	1	6

138

1	3	4	6	2	7	9	8	5
7	5	6	8	9	3	2	4	1
2	8	9	1	5	4	7	6	3
6	7	8	4	1	9	5	3	2
5	4	2	3	7	8	6	1	9
9	1	3	2	6	5	8	7	4
8	6	1	9	3	2	4	5	7
4	9	5	7	8	1	3	2	6
3	2	7	5	4	6	1	9	8

139

6	8	9	1	2	4	7	3	5
7	4	3	9	5	8	2	6	1
5	2	1	6	7	3	9	4	8
9	5	6	8	3	2	4	1	7
4	1	8	7	6	9	3	5	2
3	7	2	4	1	5	8	9	6
8	3	7	5	9	6	1	2	4
1	9	5	2	4	7	6	8	3
2	6	4	3	8	1	5	7	9

140

3	1	4	5	2	8	6	7	9
7	2	6	1	9	3	8	4	5
9	8	5	4	6	7	2	3	1
4	3	7	2	8	9	5	1	6
2	6	8	3	5	1	4	9	7
1	5	9	7	4	6	3	8	2
6	4	1	8	7	2	9	5	3
5	9	3	6	1	4	7	2	8
8	7	2	9	3	5	1	6	4

정답

141

(34) 4	8	(14) 5	6	(5) 3	2	(15) 7	(15) 1	9
9	6	3	(6) 1	(11) 4	7	8	(6) 2	5
(7) 1	7	(12) 2	5	(17) 9	8	(15) 6	4	(43) 3
2	4	7	3	(21) 8	5	9	6	1
(38) 3	5	1	2	6	9	4	7	8
8	9	(10) 6	4	7	(9) 1	3	(14) 5	2
6	(5) 2	4	(10) 9	1	(9) 3	5	(30) 8	7
(13) 5	3	(17) 8	(9) 7	2	6	(7) 1	9	4
7	1	9	(13) 8	5	4	2	3	6

142

	22	8	15	8	24	13	9	18	18	
11	6	3	2	1	9	5	4	8	7	19
13	7	1	5	4	8	2	3	9	6	18
21	9	4	8	3	7	6	2	1	5	8
11	5	2	4	6	1	7	8	3	9	20
11	1	7	3	8	2	9	5	6	4	15
23	8	6	9	5	4	3	7	2	1	10
19	4	8	7	2	6	1	9	5	3	17
18	3	9	6	7	5	8	1	4	2	7
8	2	5	1	9	3	4	6	7	8	21
	9	22	14	18	14	13	16	16	13	

143

	13	12	20	7	20	18	23	12	10	
10	3	2	5	1	6	8	9	7	4	20
13	1	4	8	2	9	7	6	3	5	14
22	9	6	7	4	5	3	8	2	1	11
9	4	3	2	8	1	5	7	6	9	22
18	7	5	6	9	3	2	4	1	8	13
18	8	1	9	6	7	4	2	5	3	10
10	2	7	1	3	4	9	5	8	6	19
18	6	8	4	5	2	1	3	9	7	19
17	5	9	3	7	8	6	1	4	2	7
	13	24	8	15	14	16	9	21	15	

144

	13	8	24	20	10	15	14	10	21	
16	6	1	9	5	7	3	4	2	8	14
16	5	4	7	9	2	8	1	3	6	10
13	2	3	8	6	1	4	9	5	7	21
12	9	2	1	8	5	7	6	4	3	13
14	3	6	5	2	4	1	8	7	9	24
19	7	8	4	3	9	6	2	1	5	8
21	8	7	6	4	3	2	5	9	1	15
8	1	5	2	7	6	9	3	8	4	15
16	4	9	3	1	8	5	7	6	2	15
	13	21	11	12	17	16	15	23	7	

정답

145

	9	16	20	20	12	13	14	20	11	
11	2	1	8	9	7	5	4	6	3	13
19	3	9	7	8	4	6	2	5	1	8
15	4	6	5	3	1	2	8	9	7	24
12	1	8	3	2	6	4	5	7	9	21
18	5	4	9	7	3	1	6	2	8	16
15	7	2	6	5	9	8	1	3	4	8
16	9	5	2	1	8	7	3	4	6	13
15	8	3	4	6	5	9	7	1	2	10
14	6	7	1	4	2	3	9	8	5	22
	23	15	7	11	15	19	19	13	13	

146

	17	21	7	13	17	15	10	22	13	
18	8	9	1	3	7	5	4	6	2	12
13	6	5	2	8	4	9	1	7	3	11
14	3	7	4	2	6	1	5	9	8	22
8	4	1	3	5	2	6	9	8	7	24
17	9	2	6	1	8	7	3	4	5	12
20	7	8	5	4	9	3	6	2	1	9
18	5	6	7	9	3	8	2	1	4	7
14	1	4	9	7	5	2	8	3	6	17
13	2	3	8	6	1	4	7	5	9	21
	8	13	24	22	9	14	17	9	19	

147

	9	14	22	10	20	15	14	20	11	
17	2	7	8	3	9	6	4	5	1	10
14	1	4	9	5	7	8	2	6	3	11
14	6	3	5	2	4	1	8	9	7	24
10	5	1	4	7	3	9	6	8	2	16
22	9	6	7	8	5	2	1	3	4	8
13	3	8	2	1	6	4	9	7	5	21
10	4	5	1	9	8	7	3	2	6	11
22	7	9	6	4	2	3	5	1	8	14
13	8	2	3	6	1	5	7	4	9	20
	19	16	10	19	11	15	15	7	23	

148

	21	10	14	14	24	7	19	8	18	
13	6	3	4	5	9	1	7	2	8	17
22	8	5	9	6	7	2	3	1	4	8
10	7	2	1	3	8	4	9	5	6	20
6	2	1	3	8	6	5	4	9	7	20
16	5	4	7	2	3	9	8	6	1	15
23	9	6	8	1	4	7	5	3	2	10
10	1	7	2	9	5	8	6	4	3	13
16	3	8	5	4	2	6	1	7	9	17
19	4	9	6	7	1	3	2	8	5	15
	8	24	13	20	8	17	9	19	17	

정답

149

	9	15	21	17	7	21	21	16	8	
10	1	2	7	9	4	8	6	3	5	14
22	5	9	8	3	2	6	7	4	1	12
13	3	4	6	5	1	7	8	9	2	19
6	2	1	3	6	8	5	9	7	4	20
23	8	6	9	4	7	1	5	2	3	10
16	4	7	5	2	3	9	1	8	6	15
15	6	5	4	8	9	3	2	1	7	10
13	9	3	1	7	5	2	4	6	8	18
17	7	8	2	1	6	4	3	5	9	17
	22	16	7	16	20	9	9	12	24	

150

	12	17	16	8	16	21	18	14	13	
23	9	6	8	2	4	7	5	1	3	9
11	1	7	3	5	9	8	6	4	2	12
11	2	4	5	1	3	6	7	9	8	24
8	4	3	1	6	7	5	2	8	9	19
22	6	9	7	4	8	2	3	5	1	9
15	5	8	2	3	1	9	4	7	6	17
15	8	1	6	7	2	4	9	3	5	17
21	7	5	9	8	6	3	1	2	4	7
9	3	2	4	9	5	1	8	6	7	21
	18	8	19	24	13	8	18	11	16	

151

	8	24	13	9	22	14	13	14	18	
19	4	9	6	1	5	3	2	7	8	17
10	1	7	2	6	8	4	5	3	9	17
16	3	8	5	2	9	7	6	4	1	11
11	6	4	1	5	2	8	3	9	7	19
16	5	3	8	7	4	9	1	2	6	9
18	7	2	9	3	1	6	4	8	5	17
6	2	1	3	8	7	5	9	6	4	19
22	9	6	7	4	3	1	8	5	2	15
17	8	5	4	9	6	2	7	1	3	11
	19	12	14	21	16	8	24	12	9	

152

	40┘	38┘	25┘	23┘	21┘	14┘	12┘	4┘		
	8	1	6	5	2	3	7	9	4	└42
8┐	7	4	2	9	1	8	5	6	3	└38
8┐	5	9	3	7	4	6	2	8	1	└34
15┐	3	6	7	2	9	1	8	4	5	└23
19┐	2	5	1	6	8	4	9	3	7	└7
22┐	9	8	4	3	7	5	6	1	2	└17
32┐	4	7	5	1	6	9	3	2	8	└16
34┐	6	2	8	4	3	7	1	5	9	└6
52┐	1	3	9	8	5	2	4	7	6	
		┌1	┌9	┌15	┌32	┌24	┌18	┌32	┌53	

정답

153

	42	30	36	18	21	16	9	5		
	1	8	7	9	3	4	6	2	5	53
1	6	4	3	2	5	1	8	9	7	28
14	5	2	9	8	6	7	4	3	1	29
16	3	5	8	4	1	2	9	7	6	29
17	7	6	2	5	9	8	1	4	3	10
26	4	9	1	3	7	6	5	8	2	12
35	8	3	5	6	2	9	7	1	4	14
36	9	1	6	7	4	3	2	5	8	9
36	2	7	4	1	8	5	3	6	9	
		2	16	13	14	36	25	23	45	

154

	36	35	20	35	19	20	4	5		
	7	4	8	2	6	1	9	3	5	30
7	5	6	3	7	9	8	2	4	1	30
9	2	9	1	4	5	3	6	8	7	37
16	3	7	9	5	4	2	1	6	8	30
17	1	5	6	8	3	7	4	2	9	12
22	4	8	2	9	1	6	7	5	3	19
32	8	3	7	6	2	9	5	1	4	15
49	9	2	5	1	8	4	3	7	6	2
34	6	1	4	3	7	5	8	9	2	
		6	10	14	15	24	29	38	53	

155

	36	40	26	33	18	9	13	5		
	1	7	8	3	9	2	4	6	5	39
1	4	5	3	8	1	6	9	2	7	31
11	6	9	2	4	7	5	8	1	3	35
19	8	4	1	7	2	3	5	9	6	17
23	3	2	9	5	6	8	7	4	1	26
26	5	6	7	9	4	1	2	3	8	10
15	7	1	6	2	5	9	3	8	4	9
46	9	3	4	1	8	7	6	5	2	9
44	2	8	5	6	3	4	1	7	9	
		2	17	15	16	19	31	41	45	

156

	59	47	20	27	22	16	3	7		
	4	9	6	5	8	2	3	1	7	36
4	1	5	7	3	6	4	8	9	2	38
10	3	8	2	7	9	1	5	6	4	32
14	8	3	4	2	5	9	1	7	6	20
28	5	6	9	1	7	8	4	2	3	21
21	2	7	1	4	3	6	9	8	5	19
27	6	4	3	9	1	7	2	5	8	12
40	7	1	5	8	2	3	6	4	9	1
28	9	2	8	6	4	5	7	3	1	
		9	9	15	17	27	31	30	33	

정답

157

	38	38	26	31	22	10	11	4		
	5	1	3	8	9	2	7	6	4	44
5	9	6	7	1	4	3	8	2	5	29
10	4	8	2	6	7	5	3	9	1	21
13	1	9	6	4	5	8	2	7	3	29
24	8	3	5	2	6	7	4	1	9	21
29	7	2	4	9	3	1	5	8	6	20
28	2	4	9	3	8	6	1	5	7	5
30	3	5	8	7	1	9	6	4	2	8
37	6	7	1	5	2	4	9	3	8	
		6	10	8	24	28	16	53	43	

158

	35	36	23	28	24	18	7	5		
	3	8	6	1	9	7	2	4	5	35
3	5	2	7	8	6	4	1	9	3	45
13	4	1	9	2	5	3	6	8	7	26
12	6	9	2	4	1	5	3	7	8	30
15	7	4	8	9	3	6	5	1	2	20
42	1	5	3	7	2	8	4	6	9	14
22	8	6	4	5	7	2	9	3	1	6
36	2	3	1	6	8	9	7	5	4	6
29	9	7	5	3	4	1	8	2	6	
		9	9	16	11	26	27	52	30	

159

	45	37	38	21	18	16	12	2		
	7	4	9	8	1	3	6	5	2	37
7	3	1	2	6	4	5	8	9	7	18
7	8	6	5	7	2	9	4	3	1	38
18	5	8	6	1	9	7	3	2	4	36
21	4	2	7	3	5	8	1	6	9	20
24	9	3	1	4	6	2	5	7	8	8
31	1	7	8	2	3	6	9	4	5	14
25	2	9	3	5	8	4	7	1	6	3
44	6	5	4	9	7	1	2	8	3	
		6	7	14	28	27	19	36	45	

160

	32	38	20	27	33	9	11	5		
	6	3	4	1	8	9	2	7	5	42
6	1	9	5	2	7	3	8	6	4	34
4	8	7	2	4	5	6	3	9	1	33
21	9	6	3	5	2	8	1	4	7	33
22	4	2	8	6	1	7	5	3	9	10
22	7	5	1	9	3	4	6	8	2	18
32	3	1	7	8	4	5	9	2	6	4
31	2	8	6	7	9	1	4	5	3	8
33	5	4	9	3	6	2	7	1	8	
		5	6	20	17	29	31	43	30	

정답

161

	50	40	27	20	28	11	13	1		
	9	6	5	3	8	2	4	7	1	43
9	8	3	7	1	5	4	9	2	6	42
14	4	1	2	7	9	6	3	8	5	29
12	5	8	4	6	2	7	1	3	9	18
16	6	7	3	8	1	9	5	4	2	33
25	2	9	1	4	3	5	7	6	8	18
27	1	4	8	5	6	3	2	9	7	4
36	7	2	6	9	4	1	8	5	3	4
44	3	5	9	2	7	8	6	1	4	
		3	12	12	14	39	30	32	36	

162

012345678

2	1	7	0	8	3	4	6	5
4	6	0	2	7	5	8	3	1
3	5	8	4	6	1	0	2	7
8	3	2	7	5	6	1	4	0
0	4	5	1	3	2	7	8	6
6	7	1	8	4	0	2	5	3
5	8	4	3	1	7	6	0	2
1	2	3	6	0	4	5	7	8
7	0	6	5	2	8	3	1	4

163

012345678

4	6	0	5	3	2	1	8	7
2	5	7	1	4	8	6	3	0
1	8	3	6	0	7	4	5	2
7	4	5	3	8	6	2	0	1
0	1	8	7	2	4	5	6	3
3	2	6	0	1	5	7	4	8
5	7	1	8	6	0	3	2	4
8	3	2	4	5	1	0	7	6
6	0	4	2	7	3	8	1	5

164

012345678

0	4	3	5	2	7	6	8	1
8	5	2	3	1	6	0	4	7
1	7	6	4	8	0	5	3	2
6	3	7	0	5	4	2	1	8
5	8	1	7	3	2	4	0	6
2	0	4	8	6	1	7	5	3
4	2	8	1	7	5	3	6	0
3	6	0	2	4	8	1	7	5
7	1	5	6	0	3	8	2	4

정답

165

0	1	2	3	4	5	6	7	8
6	7	1	0	3	4	8	5	2
5	3	0	2	7	8	1	4	6
4	2	8	5	1	6	7	3	0
0	8	4	1	2	5	3	6	7
2	6	5	3	4	7	0	1	8
3	1	7	8	6	0	4	2	5
7	5	2	4	0	3	6	8	1
1	4	6	7	8	2	5	0	3
8	0	3	6	5	1	2	7	4

166

0	1	2	3	4	5	6	7	8
3	1	5	8	2	7	0	6	4
0	4	7	5	1	6	8	2	3
8	2	6	0	3	4	7	1	5
2	0	8	6	5	3	1	4	7
6	7	3	2	4	1	5	8	0
1	5	4	7	0	8	2	3	6
4	3	2	1	7	5	6	0	8
7	8	1	4	6	0	3	5	2
5	6	0	3	8	2	4	7	1

167

0	1	2	3	4	5	6	7	8
1	5	6	7	0	3	4	2	8
8	2	3	5	4	1	0	7	6
7	0	4	8	2	6	3	5	1
6	4	2	0	5	7	1	8	3
5	1	8	2	3	4	7	6	0
0	3	7	6	1	8	5	4	2
4	6	0	1	7	2	8	3	5
3	8	5	4	6	0	2	1	7
2	7	1	3	8	5	6	0	4

168

0	1	2	3	4	5	6	7	8
8	1	3	6	2	0	4	5	7
2	4	6	5	7	8	3	0	1
7	5	0	3	1	4	6	2	8
5	3	1	8	4	6	2	7	0
4	8	2	7	0	3	1	6	5
6	0	7	2	5	1	8	3	4
3	6	4	0	8	7	5	1	2
1	7	5	4	6	2	0	8	3
0	2	8	1	3	5	7	4	6

정답

169

0 1 2 3 4 5 6 7 8

1	0	4	8	2	3	7	6	5
7	2	8	5	1	6	4	3	0
5	6	3	4	7	0	1	8	2
3	8	7	1	6	2	0	5	4
2	4	0	7	3	5	8	1	6
6	1	5	0	8	4	2	7	3
0	3	1	6	4	7	5	2	8
8	5	6	2	0	1	3	4	7
4	7	2	3	5	8	6	0	1

170

0 1 2 3 4 5 6 7 8

5	7	1	3	2	4	0	8	6
2	3	6	8	1	0	4	7	5
4	8	0	6	5	7	3	1	2
8	4	3	1	7	6	5	2	0
0	1	5	4	3	2	7	6	8
6	2	7	0	8	5	1	4	3
3	5	2	7	6	1	8	0	4
7	0	8	2	4	3	6	5	1
1	6	4	5	0	8	2	3	7

171

0 1 2 3 4 5 6 7 8

0	7	5	4	6	8	3	2	1
6	1	2	7	5	3	0	8	4
3	8	4	0	1	2	5	7	6
5	2	8	3	0	4	1	6	7
1	0	7	2	8	6	4	3	5
4	3	6	1	7	5	2	0	8
2	5	3	8	4	7	6	1	0
7	4	1	6	2	0	8	5	3
8	6	0	5	3	1	7	4	2

172

9	1	8	6	3	7	2	4	5
3	4	6	1	5	2	7	8	9
2	5	7	9	8	4	3	6	1
1	2	3	8	9	6	5	7	4
7	6	5	4	1	3	9	2	8
8	9	4	2	7	5	1	3	6
5	8	2	7	6	9	4	1	3
6	7	9	3	4	1	8	5	2
4	3	1	5	2	8	6	9	7

정답

173

5	2	8	3	4	1	6	9	7
4	7	6	5	2	9	8	1	3
9	1	3	6	8	7	2	4	5
8	5	1	4	6	2	7	3	9
3	9	7	1	5	8	4	6	2
6	4	2	9	7	3	1	5	8
7	3	5	8	1	6	9	2	4
2	6	4	7	9	5	3	8	1
1	8	9	2	3	4	5	7	6

174

2	9	1	6	3	4	8	7	5
3	6	7	8	2	5	9	4	1
5	4	8	1	7	9	3	2	6
4	1	3	2	9	8	5	6	7
9	8	5	7	6	1	4	3	2
6	7	2	5	4	3	1	8	9
7	5	4	9	8	2	6	1	3
8	2	9	3	1	6	7	5	4
1	3	6	4	5	7	2	9	8

175

7	1	4	6	9	3	2	5	8
2	3	8	1	5	7	6	4	9
9	6	5	2	8	4	7	1	3
8	7	6	4	3	5	1	9	2
4	5	2	9	6	1	8	3	7
3	9	1	7	2	8	4	6	5
6	8	3	5	4	2	9	7	1
5	4	7	8	1	9	3	2	6
1	2	9	3	7	6	5	8	4

176

1	6	7	5	9	3	4	2	8
8	3	2	4	7	1	9	5	6
4	9	5	2	6	8	7	3	1
9	5	4	8	1	7	2	6	3
2	8	3	6	4	5	1	9	7
6	7	1	9	3	2	5	8	4
3	4	6	7	5	9	8	1	2
5	1	8	3	2	4	6	7	9
7	2	9	1	8	6	3	4	5

정답

177

7÷ 1	40× 5	216× 4	6	126× 7	2	9	5− 8	3
7	8	9	1− 4	3	1	4− 6	2	10+ 5
0− 6	6× 3	2	8	270× 9	280× 5	4	7	1
9	14× 7	5− 8	3	5	6	2	12+ 1	4
3	1	27+ 5	9	2	4	7	6	432× 8
11+ 4	2	810× 6	16+ 7	1	5− 8	3	5	9
2	9	3	5	8	378× 7	4× 1	4	6
5	5+ 4	1	0− 2	6	9	0− 8	6− 3	5− 7
48× 8	6	7	1	4	3	5	9	2

178

13+ 6	135× 5	5− 1	2	8	19+ 9	3	28× 7	4
7	9	0− 4	5	14+ 3	6	1	10+ 8	2
2÷ 2	3	1− 8	1	4	7	14+ 5	6	9× 9
4	6− 8	7	252× 9	12× 2	16+ 5	10+ 6	3	1
1	2	8+ 5	7	6	3	4	45× 9	168× 8
45× 9	2− 6	3	4	1	8	10+ 2	5	7
5	1	9	18+ 6	7	4− 4	8	1− 2	3
10+ 3	7	288× 2	8	5	1	9	4	11+ 6
12+ 8	4	6	3	18+ 9	2	7	1	5

179

21× 3	7	90× 9	5	2	8+ 1	24× 4	6	72× 8
7− 1	0− 4	6	1− 7	8	3	70× 5	2	9
8	2	20+ 5	6	9	4	1	7	10+ 3
2− 2	10+ 6	1	21+ 4	3	270× 5	17+ 9	8	7
4	3	112× 7	8	1	9	6	60× 5	2× 2
63× 9	13+ 5	8	2	6	7	3	4	1
7	24+ 8	3	5− 9	60× 5	6	2	4− 1	9+ 4
30× 6	9	4	1	5− 7	2	8	3	5
5	1− 1	2	3	224× 4	8	7	54× 9	6

180

48× 2	4	1	324× 3	6	35× 7	5	24+ 8	9
6− 3	6	280× 5	8	2	9	11+ 4	1	7
9	24× 8	7	1	45+ 5	540× 4	3	6	4÷ 2
7+ 6	3	5− 4	2	1	5	9	35× 7	8
1	9+ 7	9	4	8	6	3÷ 2	5	3× 3
1− 5	2	672× 8	7	9	3	6	1− 4	1
4	2− 9	2	6	7	112× 8	1	3	9+ 5
280× 8	1	6	60× 5	3	2	7	864× 9	4
7	5	12+ 3	9	4	1	8	2	6

정답

181

6	7	1	4	8	2	9	3	5
5	8	3	9	1	6	4	7	2
4	9	2	7	5	3	1	6	8
1	6	5	8	7	4	3	2	9
7	3	4	5	2	9	6	8	1
8	2	9	3	6	1	7	5	4
3	5	6	1	9	8	2	4	7
2	1	8	6	4	7	5	9	3
9	4	7	2	3	5	8	1	6

182

5	8	4	3	1	6	9	2	7
6	7	1	5	9	2	4	3	8
3	9	2	8	7	4	6	5	1
2	1	9	7	6	8	5	4	3
7	6	3	9	4	5	1	8	2
8	4	5	1	2	3	7	6	9
9	2	6	4	8	1	3	7	5
4	5	7	2	3	9	8	1	6
1	3	8	6	5	7	2	9	4

183

9	4	8	3	7	2	6	1	5
1	7	3	5	6	4	9	2	8
6	2	5	8	1	9	7	4	3
5	3	2	9	4	6	1	8	7
8	1	9	2	5	7	4	3	6
4	6	7	1	3	8	5	9	2
3	5	6	4	8	1	2	7	9
7	9	1	6	2	3	8	5	4
2	8	4	7	9	5	3	6	1

184

5	1	8	2	9	7	3	4	6
9	6	4	8	3	5	2	7	1
2	3	7	1	6	4	5	8	9
1	4	9	5	8	2	6	3	7
6	5	2	3	7	1	8	9	4
8	7	3	6	4	9	1	5	2
3	9	5	4	2	6	7	1	8
7	8	6	9	1	3	4	2	5
4	2	1	7	5	8	9	6	3

정답

185

[5?] 8	2	1	[4?] 7	[3?] 6	9	[20?] 4	5	[6?] 3
[120?] 4	6	5	1	2	[16?] 3	[22?] 8	7	9
[4?] 3	7	[14?] 9	5	[26?] 8	4	1	[0?] 6	2
[10?] 2	5	[23?] 8	9	3	7	6	4	[56?] 1
[11?] 1	3	6	[192?] 4	5	2	[17?] 9	8	7
7	[180?] 9	[14?] 4	8	1	6	2	[15?] 3	5
5	4	2	3	9	[56?] 8	7	[6?] 1	6
[3?] 6	1	7	2	[10?] 4	5	[20?] 3	9	8
9	[11?] 8	3	[42?] 6	7	1	[11?] 5	2	4

186

[1260?] 3	6	[11?] 1	4	[378?] 9	2	[14?] 5	7	[216?] 8
[32?] 4	7	[14?] 5	6	3	[8?] 8	1	2	9
8	2	9	[14?] 1	7	[13?] 5	[36?] 6	[160?] 4	3
[42?] 6	5	4	9	[60?] 2	7	3	8	1
7	[72?] 9	[12?] 3	[0?] 8	6	1	2	5	[2?] 4
[90?] 1	8	2	3	5	[168?] 4	7	[810?] 9	6
9	1	7	5	[224?] 4	6	[17?] 8	3	[9?] 2
5	[96?] 4	[3?] 6	2	8	[108?] 3	9	1	7
2	3	8	7	1	9	4	6	5

187

[35?] 5	7	[7?] 4	3	[15?] 1	9	[12?] 2	6	[0?] 8
[5?] 3	[3?] 2	6	[15?] 8	7	5	4	1	9
8	1	[4?] 9	4	[60?] 6	2	5	[11?] 7	[9?] 3
[84?] 7	[14?] 8	5	1	[40?] 2	[18?] 3	9	4	6
4	3	1	[126?] 9	5	6	[3?] 7	[15?] 8	2
[54?] 6	[4?] 9	2	7	4	[1?] 8	1	3	5
9	5	[336?] 7	6	8	4	3	[17?] 2	[8?] 1
[7?] 2	4	[17?] 8	[90?] 5	[3?] 3	1	6	9	7
1	6	3	2	9	[56?] 7	8	[9?] 5	4

188

[32?] 8	[630?] 3	1	[378?] 7	6	[36?] 4	9	[13?] 5	[2?] 2
4	5	7	9	[1?] 2	3	6	8	1
[11?] 2	6	[29?] 9	1	5	8	[7?] 3	4	[0?] 7
9	[1?] 2	6	[60?] 5	[18?] 8	[6?] 1	7	3	4
5	8	3	4	7	[1?] 9	2	[2?] 1	6
[14?] 1	7	[2?] 4	2	3	6	[320?] 5	9	[24?] 8
6	[45?] 9	5	8	1	2	4	[24?] 7	3
[21?] 3	[4?] 4	[432?] 8	6	9	[140?] 7	1	2	[45?] 5
7	1	[1?] 2	3	4	5	8	6	9

정답

189

12? 6	2	756? 4	35? 5	2? 1	3	1? 9	8	11? 7
40? 5	3	9	7	16? 8	2	2? 1	6	4
8	7	3? 1	4	108? 9	6	2	3	4? 5
13? 4	5	4? 7	3	84? 2	280? 8	3? 6	9	1
3	1	0? 8	9	6	5	7	120? 4	2
9? 9	3? 6	2	1	7	4? 4	8	5	3
1	192? 8	10? 3	2	5	5? 9	4	17? 7	15? 6
14? 7	4	6	11? 8	3	8? 1	5	2	9
2	14? 9	5	2? 6	4	7	3	9? 1	8

190

22? 9	1	4	1? 3	2	336? 8	6	7	7? 5
1? 6	120? 5	8	15? 9	1	4? 7	3	5? 4	2
7	3	8? 2	5	48? 6	4	3? 1	9	56? 8
189? 1	8	6	4? 4	1? 3	2	9	5	7
3	7	9	8	5	6? 1	15? 2	6	4
8? 4	70? 2	5	336? 7	9	6	12? 8	0? 1	3
2	36? 9	7	6	8	315? 5	4	3	5? 1
13? 8	4	3? 3	1	7	9	29? 5	2	6
5	9? 6	1	2	1? 4	3	7	8	9

191

2? 3	4	9	3? 5	2? 8	42? 6	7	48? 2	1
18? 5	7	2? 1	2	4	3? 3	9	16? 8	6
6	240? 8	2	1? 9	7? 7	2? 1	3	5	4
9? 9	6	15? 4	8	1	2	2? 5	10? 7	3
1	5	3	378? 7	6	9	2	11? 4	17? 8
5? 7	2	8	24? 4	27? 3	35? 5	1	6	9
1? 4	135? 3	5	6	9	7	48? 8	1	10? 2
8	9	6? 7	1	10? 2	4? 4	6	3	5
2	1	9? 6	3	5	8	252? 4	9	7

정답

192

3− 5	2	84× 7	3	1	4− 8	4	432× 6	9
27× 3	9	12+ 1	4	30+ 6	2	5	14× 7	8
2− 6	8	4	7	9	5	3	2	1
4÷ 1	240× 4	6	2	2− 5	7	72× 8	9	90× 3
2	5	1512× 3	1	8	9	7	24× 4	6
8	2− 7	9	24× 6	4	3	2	1	5
13+ 9	1	39+ 5	8	2	1− 4	6	21× 3	7
168× 4	3	8	9	7	19+ 6	1	7+ 5	2
7	6	3− 2	5	3	1	9	4− 8	4

193

13+ 8	2	28+ 5	4	54× 9	1	16+ 7	6	3
13+ 7	3	9	2	6	175× 5	3− 1	4	24+ 8
6	1	4	3	28+ 8	7	5	13+ 2	9
9+ 4	14+ 6	672× 2	1	5	1944× 9	3	8	7
5	8	7	6	3	4	9	5× 1	2÷ 2
6× 1	135× 9	3	8	7	2	6	5	4
3	5	360× 8	9	2	38+ 6	4	7	6÷ 1
2	7÷ 7	1	5	2− 4	3	8	135× 9	6
216× 9	4	6	7	1	8	2	3	5

정답

194

5	4	1	9	7	3	6	8	2
6	9	7	5	2	8	3	4	1
3	2	8	6	4	1	9	5	7
9	5	4	3	1	6	2	7	8
8	3	6	7	5	2	1	9	4
1	7	2	4	8	9	5	3	6
7	6	5	2	9	4	8	1	3
2	8	9	1	3	7	4	6	5
4	1	3	8	6	5	7	2	9

195

7	8	2	1	9	5	3	6	4
1	9	6	3	4	2	8	5	7
3	4	5	6	8	7	9	2	1
4	5	1	7	6	3	2	8	9
2	7	8	5	1	9	6	4	3
6	3	9	8	2	4	7	1	5
8	6	4	9	7	1	5	3	2
5	2	7	4	3	6	1	9	8
9	1	3	2	5	8	4	7	6

정답

196

7	2	8	9	5	4	1	3	6
1	4	6	8	3	2	7	9	5
9	3	5	6	1	7	8	2	4
6	9	3	7	8	1	5	4	2
2	7	4	3	9	5	6	1	8
5	8	1	2	4	6	9	7	3
4	6	7	5	2	9	3	8	1
3	1	9	4	6	8	2	5	7
8	5	2	1	7	3	4	6	9

197

2	3	9	4	7	6	5	1	8
1	6	8	5	9	3	4	7	2
5	4	7	2	8	1	3	9	6
4	7	6	8	3	2	9	5	1
8	9	1	7	5	4	2	6	3
3	2	5	6	1	9	8	4	7
7	1	4	9	2	8	6	3	5
9	8	3	1	6	5	7	2	4
6	5	2	3	4	7	1	8	9

정답

198

14+ 6	8	1- 9	1	7	20× 4	5	9+ 3	18+ 2
70× 5	7	1- 4	3	8	1- 2	1	6	9
1	2	4- 3	4- 5	9	21+ 6	4	8	7
22+ 9	5	7	2÷ 4	2	3	35+ 6	16+ 1	8
8	24× 3	1	9	6	5	2	7	180× 4
2	4	6	864× 8	7× 1	7	4- 3	9	5
0- 3	9	2	6	12+ 4	8	7	120× 5	1
7	5- 1	7+ 5	2	216× 3	9	8	4	6
4	6	56× 8	7	45× 5	1	9	6× 2	3

199

13+ 7	5	15+ 3	8	4	22+ 6	9	14× 1	2
22+ 9	1	192× 4	27× 3	5	2	2- 6	8	7
2	8	6	9	840× 1	11+ 7	4	15× 3	5
3	2	4- 9	4	6	5	1	7	4- 8
4× 1	6	5	168× 7	8	3	5+ 2	32+ 9	4
4	34+ 7	8	2	9	1	3	5	6
17+ 8	9	7+ 1	6	7	12+ 4	14+ 5	2	3
90× 5	6+ 4	2	16+ 1	3	8	7	24× 6	9
6	3	7	5	19+ 2	9	8	4	1

정답

200

19+ 9	42× 7	6	24+ 5	2÷ 1	8	4	14× 2	15× 3
8	1	4	9	2− 2	27+ 3	6	7	5
2	5	432× 3	6	4	7	9	25+ 1	8
8− 1	9	8	3	10+ 6	4	2	0− 5	7
432× 4	0− 3	5	112× 8	7	2	1	6	9
6	2	26+ 7	10+ 1	9	75× 5	3	2÷ 8	4
3	6	9	7	40× 8	1	5	30+ 4	3÷ 2
12+ 7	32× 4	1	2	5	9	8	3	6
5	8	24× 2	4	3	6	16+ 7	9	1

201

6− 2	8	2÷ 3	1	6	31+ 4	9	5	7
60× 5	8+ 1	7	2− 3	90× 2	9	12+ 8	4	6
4	54× 6	9	7	5	11+ 8	3	6− 2	1
3	9+ 5	4	2	1	49+ 7	6	40× 8	9
126× 7	2	6	9	8	3	4	1	5
24+ 8	9	1	5	22+ 4	60× 6	14× 2	7	1− 3
9	7	13+ 5	8	3	2	6× 1	6	4
22+ 1	2÷ 4	2	6	9	5	21× 7	3	8
6	3	8	4	1− 7	1	5	7− 9	2

멘사 킬러 스도쿠

IQ 148을 위한 두뇌 트레이닝

1판 1쇄 펴낸 날 2024년 2월 5일

지은이 개러스 무어
주간 안채원
편집 윤대호, 채선희, 윤성하, 장서진
디자인 김수인, 이예은
마케팅 함정윤, 김희진

펴낸이 박윤태
펴낸곳 보누스
등록 2001년 8월 17일 제313-2002-179호
주소 서울시 마포구 동교로12안길 31 보누스 4층
전화 02-333-3114
팩스 02-3143-3254
이메일 bonus@bonusbook.co.kr

ISBN 978-89-6494-668-8 03410

• 책값은 뒤표지에 있습니다.

멘사 스도쿠 시리즈

멘사 스도쿠 스페셜
마이클 리오스 지음 | 312면

멘사 스도쿠 엑설런트
마이클 리오스 지음 | 312면

멘사 스도쿠 챌린지
피터 고든 외 지음 | 336면

멘사 스도쿠 프리미어 500
피터 고든 외 지음 | 312면

멘사 스도쿠 100문제 초급
브리티시 멘사 지음 | 184면

멘사 스도쿠 200문제 초급 중급
개러스 무어 외 지음 | 280면